著

苏州大学出版社

图书在版编目（CIP）数据

苏州美食手册 / 叶正亭著. —— 苏州：苏州大学出版社，2022.10
ISBN 978-7-5672-4084-1

Ⅰ. ①苏… Ⅱ. ①叶… Ⅲ. ①饮食—文化—苏州—手册 Ⅳ. ①TS971.202.533-62

中国版本图书馆CIP数据核字（2022）第185548号

Suzhou Meishi Shouce
苏 州 美 食 手 册

著　　　者：叶正亭
责 任 编 辑：倪浩文
装 帧 设 计：周　丹
出 版 发 行：苏州大学出版社（Soochow University Press）
社　　　址：苏州市十梓街1号　邮编：215006
印　　　刷：苏州市越洋印刷有限公司
邮 购 热 线：0512-67480030
销 售 热 线：0512-67481020
开　　　本：700×1000　1/16
印　　　张：14.5
字　　　数：94千
版　　　次：2022年10月第1版
印　　　次：2022年10月第1次印刷
书　　　号：ISBN 978-7-5672-4084-1
定　　　价：88.00元

凡购本社图书发现印装错误，请与本社联系调换。服务热线：0512-67481020

目录

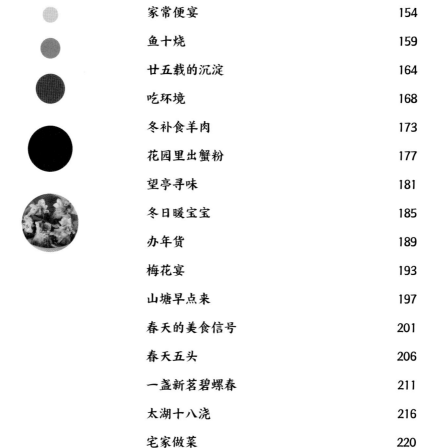

一年一度三虾宴。

每年初夏，小满过后，榴花似焰，红红火火。江南的河虾，雌者开始抱卵，具体说就是河虾有虾子了，虾脑也成熟了。生活精细的苏州人开始寻思做三虾菜了，在拆虾仁之前，先刷下虾子。拆过虾仁后，虾壳水煮，冷却后剥出虾脑。如果将虾仁、虾子、虾脑炒成一盆菜，便是炒三虾。盆子底部垫一片荷叶，便是苏州名菜：清风三虾。炒三虾用来做面浇头，加入一份拌面，便是大名鼎鼎的三虾面。

年年三虾，今又三虾。

苏州新聚丰的老总朱龙祥，是传统苏州菜的守护者。他从十七八岁学生意，到如今年过花甲，一直坚守苏州菜。尽管桃李满天下，但他还是坚持每天下厨房，每天为食客做几道苏州菜。

三虾宴

清风三虾

每年这个季节，朱龙祥就要邀请他的好朋友们小聚一次，朋友中有书画家、作家、记者、大厨等，济济一堂，品尝他的三虾宴。

年年三虾宴，年年有新意。

今年的三虾宴，冷菜八碟：虾子鱼脯、虾子白鸡、虾子白肉、虾子皮蛋、盐水河虾、虾子茭白、虾子酱油蘸油条、虾子腌荠菜。

三虾时节，龙祥做虾子酱油是一绝。他做的虾子酱油：鲜、甜，没有腥味。冷菜中不少都是要蘸了虾子酱油方显味道的。如白斩鸡、白切肉，蘸了虾子酱油，美味便提升。参加三虾宴的都是资深吃货，每年的老油条蘸虾子酱油是保留节目，每次热腾腾的油条上桌，总是一扫而光。油条是普通油条，到了菜馆里，第二次下油锅，苏州人叫"几余"。那老油条蘸了虾子酱油，真是又香又鲜，美不可言。冷菜中的饭蒸虾子茭白可圈可点，也是平日里苏州人家宴必备。取新鲜茭白，拍松切段，放蒸锅蒸。从前乡下土灶头烧大锅饭，就把茭白放进饭锅里蒸。蒸茭白时，放精盐少许。清蒸茭白上桌，同时跟上一碗虾子酱油。做家宴时，可以说，你上几盆，只只都是盆底朝天。

新聚丰的三虾宴有热菜十道，分别是荷香清风三虾、糟熘两虾塘片、苏式虾子蹄筋、虾油黄焖河鳗、干蒸虾卤元菜、锅挞虾茸干贝、凤尾条笋烩虾、香炸小酱虾球、当红"猛虎下山"、贵潘八珍元盅。

一桌苏州菜，冷菜过后第一道热菜必定是虾仁。虾仁用吴语读白，便是"花人"（有"欢迎"之意）。清风三虾，碧绿的新荷叶打底，粉白的虾仁、咖啡色的虾子、橘红色的虾脑，交相辉映、秀色可餐，美味可赞。

糟熘塘片（"塘"为塘鳢鱼）是龙祥的拿手菜，全苏州的菜馆能品尝到这道菜肴，唯新聚丰菜馆。而新聚丰，全苏州唯此一店，龙祥在此坐镇，确保苏州味道不变。糟熘塘片有虾子加盟，自是更好看、更美味。小酱虾球是今年新菜品，将虾仁剁碎（从前家里是将虾仁放在石钵里，用木头舂杆将虾仁捣烂成泥），用小汤勺整理成杨梅大小，温油里氽过，直接上盆，配虾子甜面酱，吃得喷香，令人回味无穷。

三虾宴的第二高潮是"猛虎下山"。这是一条大鳜鱼，十斤八两重。整鱼，鱼身开花刀，大油锅里两面煎透，用糖醋古法烹调。选一个特大瓷盆，大鳜鱼造好型，淋上糖醋汁。样似猛虎下山，味道外脆内嫩，酸甜适口，充满江南特色。龙祥亲自捧盘上桌，全体食客起立，向传统苏州菜的传承人、守护者致敬。为啥说"古法"？现在人们都知道，苏州菜的头牌是松鼠鳜鱼，其实，松鼠鳜鱼已是第二代，它的前身就是糖醋鳜鱼。每位大厨都有独技绝活，即这位厨师的当家菜。龙祥的当家绝活有几样，其一就是炒虾仁，苏州烹饪协会原会长华永根先生盛赞龙祥的炒虾仁是"全世界最美之虾仁"。其二是炒鱼片。其三就是烧鳜鱼，他创制的"龙祥鳜鱼"荣获中国烹饪大赛金质奖。这几年，他推出的"猛虎下山"，吃口上比松鼠鳜鱼、龙祥鳜鱼又有提升，苏州大厨不断在创新！

三虾宴点心有三：虾肉蒸饺、桂花圆子、三虾"两面黄"。尤为令人激动的是三虾"两面黄"，民间称是"苏州面点中的皇帝"，其实操作起来并不难，将面条在滚水中落一下，摊凉在竹篮头上，电风扇吹凉，用温油、文火，耐心煎黄。一面黄了，翻个身，将另一面煎黄。两面金黄，外脆内柔，便是美名远扬的"两面黄"。一盘三虾覆于"两面黄"之上，真叫弹眼落睛，看一眼就满足，吃一口会上瘾。苏州美食，就是如此充满魅力。

旺山笋油面

旺山笋油面是在 2018 年"苏州十碗面"评选活动中脱颖而出的。

那次评选，因为参赛单位多，历时有半年之久，一轮一轮淘汰，好中选优。苏州面做得很不错的店家实在不少，我是在最后一轮决赛中出任评委的，参加决赛的也有二十多家店。美食评委不好当！每种面你去吃一口，就撑得你够呛。评委得凭着味蕾即时的清爽给各碗面打分。但第二天，你要再问各碗面的味道，就很难准确表达了。但我记忆深处总还有旺山笋油面的影子。

一直没去过那家酒店，直到今年我去追寻旺山笋油面。

旺山笋油面报送单位是旺山景区的环秀晓筑，制作人是肖飞。肖飞可是苏州松鹤楼大厨顾根源的爱徒，烧得一手好菜，更是个爱琢磨、

旺山笋油面

爱出新的优秀厨艺师。在酒店推出了苏州菜研学中心，亲任"首席食艺官"。他有个挺不错的理念，叫作"传承经典技艺，现代审美呈现"，这与我提出的当代苏州美食三大追求"惊艳、美味、回味"颇为一致。于是，我的心里升起一个信念，我相信肖飞打造的旺山笋油面一定会是很棒的。

但是，想象是虚，品尝是实，我总要去追寻到、品尝到这碗被列入首届"苏州十碗面"的旺山笋油面。

旺山，苏州人对这个名字有种种误解，很多人把旺山和阳山混为一谈。苏州有座阳山，在浒关附近，著名的阳山白泥矿就在那里。我们说的"美丽乡村"之旺山其实并不是一座山的名字，而是一个行政村的概念。准确说，上方山与尧峰山是相连的，群山之间有诸多山坞，所谓"旺山"就是其中一个山丘，位于越溪境内。山不在高，有绿则灵，旺山只有百把米高，但漫山修篁，是苏州难得的两片百年竹林之一（另一片在穹窿山）。

去旺山吃笋油面，需要穿越一片小竹海。夏日，开车进入，仿佛进入了绿荫世界、清凉天地。梅雨时节，人心烦躁，但来到这里，心便会渐渐安静。这里，吃面的环境很不错，在露台，放眼是一片荷塘，荷花在田田荷叶间摇曳绽放。有三只正学游泳的小野鸭跟着鸭妈妈在扑腾。

面来了，是一碗笋油面。

先说汤。听戏听腔，吃面喝汤。苏州面，汤最重要。这份汤是熬出来的（行话叫"吊汤"），用的是猪骨头、鸡壳子、黄鳝骨头、青壳螺蛳等，放在一起用文火笃，一般要笃三四个小时，这样的汤有质感（行话叫"有骨子"）。所以，你去苏州某面馆吃碗头汤面，殊不知吊汤师傅已经工作了四个小时了。这份汤，冬天加入了酱油，便是红汤面；夏日，苏州食客喜欢清爽，便不加酱油，成为一碗白汤面，加一撮小葱末，看着也舒服，一清二白。有的面馆在白汤中加入一点酒酿，吊鲜，便是足以与昆山奥灶面（红汤）媲美的枫镇大面。

再说面。食客吃面，吃的是面，自然面是最重要的。说面怎么样，其实说的是面条质量。一般面店买的水面，回家煮容易烂、容易糊，还有的碱水太重，面色发灰。环秀晓筑这碗笋油面之所以有讲究，首先面是酒店自己压制的，外面店家一般压四遍，他们则要多压两遍，这样的面更有劲道，不太容易糊和烂。其次，他们做面条的面粉中加了鸡蛋，这样的面吃起来更爽滑、更Q弹，自然成本会高一些，但有了好汤，有了好面条，就有了"百面之母"，这碗没加浇头的面就叫阳春面。我以为，苏州所有面馆都要把功夫下在做好阳春面上。做好阳春面，是基础，也是根本，才可演绎出如此精美的苏州面。

旺山笋油面，该来探讨一下这份面浇头——笋油。

一个优秀厨师，一定是尊重和应用当地食材的高手。肖飞喜欢太湖，他把"太湖三白"的菜做得美不胜收；他喜欢旺山，他把旺山笋鲜做到极致。百年竹林，生长着的是毛竹，它们每年生儿育女，这儿女便是毛笋。好的毛笋壳黄，芯红，肉白，微甜。旺山上的笋正是这样的好笋。每年大竹子生儿育女的时节，肖飞带着他的团队上山挖笋，他又从附近山民手里买笋。他的胃口很大，旺山笋，有多少，收多少。为了保证旺山笋油面四季有供应，肖飞将大毛笋放在大锅里快煮几分钟（行话叫"焯水"），冷却后用保鲜膜包裹起来，就进入冰库。笋油是怎么做的呢？将竹笋剥壳，斩头去尾（笋头太老，笋尖太嫩，都不适合做笋油），切成小长条（5厘米×1厘米），放在酱油里浸一下，捞出来吹干，开大油锅，用菜油配合微微文火，将小笋条里的水分吊去，鲜脆的竹笋变得"瘪扭扭"了，却又能保持那份韧脆感。这就是本事！熬笋油是个功夫活，得三四个小时，得有足够的耐心。旺山的笋油就是这样熬制的。

因为是夏季，我独自点了一碗风扇冷面。肖飞说："太好了！正中下怀。"这是为什么？一碗冷面上桌，面是凉的，卷得很紧，俗称"鲫鱼背"，有咖啡色的虾子铺于面上，用了虾子酱油，一碟笋油浸在金黄的菜油里。将一碟笋油轻轻滑入面碗中，将面挑起，拌一下。这时，虾子酱油的荤鲜与笋油的素鲜猛烈碰撞，就像是昆曲演进了沧浪亭，一个是非遗，一个是世遗，两个遗产相碰，自是擦出了不一样的火花。这一份笋油面：面爽滑，笋韧脆，味鲜美。可以说，这一份笋油面，上得了桌，拿得出手，是纯正的苏州味道。

旺山笋油面，首届"苏州十碗面"之一。

一

荷花宴

在苏州，草有生日的看菖蒲，农历四月
十四是菖蒲生日；花有生日的看荷花，农历六
月廿四为荷花生日。

从前，荷花生日是苏州夏季一大盛事。斯
日，万人空巷，达官贵人、文人雅士们纷纷拥
向葑门外大荡。从前，那里是低洼地区。低洼地
最适合水生植物生长，而葑门外是出名的"水八
仙"生产基地，其中，大片大片的荷花盛开时，
荷塘最是令人向往。于是，大家相约这一天，去
为荷花庆生。其实也是趁机聚一聚、乐一乐。
说来也奇怪，这一天常常会下雨，多的是雷阵
雨，雨量还不小，每每都把如织的游人搞得很
狼狈，尤其是小姐们、太太们，从前都是穿旗

袍、着绣花鞋的，旗袍淋湿还不打紧，可这绣花鞋，烂泥水塘里一浸可就完了。惜物的苏州女人们纷纷打起赤脚，拎了绣花鞋往家赶。于是，苏州有了一句俚语：赤脚荷花荡。

二

1994 年，中新合作建设的苏州工业园区开工，选址就是葑门外，"九通一平"后，原来的低洼塘田变身工业用地、商业用地了，荷塘自然荡然无存。

苏州的荷风北进，到了相城区域，那里建了占地两千余亩的荷塘月色湿地公园。公园再向北，阳澄湖镇沈周村也辟出了两百亩湿地种植太空莲。每年荷花节前后，苏州人都跑到相城赏荷。相城区委宣传部、妇联还主办荷花节，每年评选"荷花仙子"（德艺双馨者），很有意义。

2021 年，在距荷花生日还有一个月的时候，相城的在水一方大酒店想要打造荷花宴，邀我参与，我欣然同意。于是，我们煞费苦心来打造荷花宴。

三

打造荷花宴，首先出菜单。我与在水一方酒店马守奎大厨在手机上沟通，经多轮讨论，达成共识，菜单如下。

冷盆：荷香排骨、桂花塘藕、糟味钵头、荷恋苦瓜、虾子白肉、白兰茭白、虾子白鱼、荷花玉节。

飘香凤尾虾

热菜：飘香凤尾虾、荷香石榴果、水中鲜碧螺、玉兰片藕夹、苏式脆鳝鱼、荷塘小炒盏、荷叶粉蒸肉、金钩炒双脆、荷花三圆汤。

点心：荷花酥、"西施舌""两面黄"。

拼盘：鲜藕片、鲜莲子、鲜荠菜、水蜜桃、火龙果。

有个未写进菜单的细节，我向马师傅反复交代，那就是氛围！圆桌中间要有荷花插花，要有新鲜荷叶，每客的开胃碟中放一段莲藕和两朵白兰花。一杯碧螺迎宾茶中撒几粒碧绿的莲心。

冷菜中的白兰茭白，用茭白雕刻成白兰花，根部套上葱叶。这有点难，不是雕瘦了就是雕胖了，经过反复尝试，终于成功，我用一朵真的白兰花放在白兰茭白盆中，很难一眼认出。苏州厨师学做白兰茭白，很有必要。

荷花宴无须每一道菜都有荷花元素，荷花是夏之宴的符号，苏州夏之宴常用的菜品，都可选用。比如糟钵头，小小糟坛里有糟肚、糟胗肝、糟凤爪，还有糟毛豆，可以增加几粒糟莲子。虾子也是夏之宴上的必备元素。虾子白肉，只要将白切肉片卷成一朵荷花状，配虾子酱油即可。虾子白鱼是从前虾子鲞鱼的翻版，在盆子底置一角荷叶即可。

热菜中有点创新的是玉兰片藕夹和荷花三圆汤。玉兰片其实是荷瓣片，将荷花花瓣在稀粉中浸过，在温油中氽一下即可。这是苏州传统花肴，从前都选用广玉兰花瓣，这次改用荷花花瓣，非常成功。藕夹是传统菜肴，两个藕片，中间夹虾茸、肉糜，面糊浸过，油氽而成，吃口颇香。荷花三圆汤，三圆是肉圆、鱼圆、虾圆。一罐鲜汤，中间是一朵荷花，露出莲蓬。原来荷花、小莲蓬、鲜荷叶皆可入菜！荷花吃口还挺美，有点肥嘟嘟的味道。《红楼梦》里不是也有小荷叶汤的描写吗？

　　荷花宴上主打点心一定是荷花酥。油面、红白双色交杂，荷花造型。苏州的点心师应该都会做的。另一道点心叫"西施舌"，玫瑰馅汤团，略小，汤团尖夸张地拉长，用红色粉团点缀，是一道很有美感的小点心。

荷花酥

菌到姑苏

一个月前，金海华的大厨们商议，要将云南产的多种鲜菌菇汇集，向苏州食客做个汇报，做个全菌宴，取名"全菌出动"。我听了，非常赞同这一设想，只是建议把名字改一下，取名：菌到姑苏。

一个月后，我在金海华之"华宴"品赏了菌到姑苏宴。

菌到姑苏宴有前菜四道，分别是：菌菇石榴球、鸡枞菌手撕鸡、牵须太湖虾、松茸捞螺片。如果要我打分，自然是石榴球排第一。无论是造型、吃口、装盘，都为上乘之作。外皮选用一种半透明的澄粉皮子，中间包的馅是多种鲜菌菇碎末和鸡头米末，少许的莴笋末是用以增色的。合拢后，用小葱扎一把，打个结，成为一个烧卖似的小皮球，取名石榴球，真是十分形

甜品：菌到姑苏

象。吃口自是鲜爽，多种菌菇与鸡头米为伴，这便是中国烹调讲究的："有味使其出，无味使其入。"

苏州厨师操持一桌宴，冷菜过后头道菜必定是虾仁。而广帮厨师在冷菜过后，上的头道菜则一定是汤。菌到姑苏宴，上的头道汤是松茸莲子龙筋汤。所谓龙筋，是俄罗斯鲟鱼的筋，白色，有点像桃胶、蹄筋、白木耳，却是三种食材之美的综合。吃口肥糯，因为有了松茸做伴，这盅汤便鲜美可口。

菌到姑苏宴，最让人期待的自然是全菌出动，这是一道大菜，收集到的云南鲜菌菇有松茸、竹荪、鸡油菌、鸡枞、青头菌、老人头菌等，都列队站在一个冰沙盘里。明炉上炖着一砂锅太湖土鸡汤。汤开了，将冰沙盘里面的鲜菌全体投入砂锅。这道菜的名字叫作缤纷鲜菌拜土鸡。先喝一盅汤，体会一下各种鲜菌混合产生的复合鲜。再逐一品尝每种鲜菌的独特滋味。其中，表现最突出的当属鸡枞。鸡枞菌的模样长得俊，像极了柱状田头菇打一把很挺括的小伞。鸡枞菌在很早就有文字记载，是鲜菌中难得的珍奇异品。清乾隆年间，文史学家赵翼对它的评价是："无骨乃有皮，无血乃有肉。鲜于锦雉膏，腴于绵雀腹……只有婴儿肤比嫩，转觉妃子乳犹俗。"明代杨慎则把鸡枞比作仙境中的琼英，以示其味之佳美，其品之珍贵。

众鲜菌中，知名度最高的自然是松茸。《舌尖上的中国》曾描述过一对母女上山寻觅，一天只采得数枚野生松茸，其珍贵程度可想而知。菌到姑苏宴中有一道主菜叫作玫瑰盐烤松茸。我知道，这是最经典的食法。两年前，有朋友送过我两枚松茸，我第一次见，激动之余，不知如何处理，就打电话，请教胥城酒店的潘大师，他说你在家就简单点，将松茸擦净（不用水洗）切片放平底锅上烤，撒盐即食。虽简单，但其味道难忘。那复杂点的又该如何处理？我在菌到姑苏宴上领教了。取玫瑰盐块（产自喜马拉雅山）烧热，切片的松茸在盐上烤，玫瑰盐的滋味会钻进松茸体内，虽每客仅两片，但食后感觉，好比余音绕梁，真可谓"三月不知肉味"啊！

菌到姑苏宴热菜有五道，分别是鸡油菌遇老豆腐、牛肝菌盟天妇罗、水红菱烩青头菌、樟树菌炒两头乌、盐焗姜柄瓜。一道菜一种菌，让人深刻领会各种鲜菌的独特滋味。

云南鲜菌到姑苏，姑苏食材必须有呼应。一个优秀的厨师一定会尊重当地食材并积极选用。菌到姑苏宴选用了鸡头米与鲜菌菇组合；选用了太湖虾，不剪须、醉腌，这做成冷菜叫作牵须太湖虾；选用了太湖土鸡与群鲜菌的组合；选用了水红菱烩青头菌。苏州食客在品尝云南鲜菌的同时，可吟唱"太湖美"，可吟诵"君到姑苏见，人家尽枕河"的诗句。两种异地食材相遇，产生的会是不一样的滋味。

菌到姑苏宴上的主食是一锅煲仔饭，长条的优质饭粒，闪着油光，一锅饭，满屋香，既有米饭变身锅巴的焦香，更有云南菌菇的鲜香，煲仔饭的面上，铺满了各式、各色的鲜菌菇片，组成了一张逗乐的笑靥。一锅饭，每人吃了一匙，多余的全部打包，带回家，让家人也一起品尝到来自云南的鲜菌美味。

大蔬雅席

几个喜好食素的文友想要聚餐，让我找餐馆，我立刻想到大蔬无界了。

大蔬无界是以创意蔬食料理为特色，总部在上海。五年前，在苏州工业园区的诚品书店大楼开出一家店，规模不大，十分精致，名声远扬，宾客盈门。两年前，苏州姑苏区把《浮生六记》改编成昆曲，并在世界文化遗产之沧浪亭沉浸式演出。当时，想为观众提供几样食品：一碗糖粥、一杯荷花茶、一块乳瓜曲奇等，这些食品就是请大蔬无界设计并提供的。

疫情稍缓，大蔬无界的老总周小妹打来电话，邀我去指导她的夏季菜品。因为忙，一来二去，转眼已入秋，我与几位文友相约小聚，小妹说，那就来指点大蔬的秋季菜品吧。把秋季的时令食材精选、精搭，精做、精呈，我称之为

"如梦令"

"大蔬雅席"。文人相聚叫"雅集"，大蔬汇聚称"雅席"吧。

秋季菜品，当以金秋时令食材为主。

头道茶，就把我等惊艳到了！一朵硕大的莲花，在玻璃茶器中盛开，黄色的花蕊、花瓣，在水中还原成了一朵鲜活的池莲。莲花＋乌龙茶，让人入梦：一花一世界啊！

头道菜"如梦令"，是道冷菜。选用九年生的兰州百合，碾作泥，做成卷，中间嵌入枣泥、白莲馅。这是百合的熟食。还可生食，冷盆中间是一朵生的百合，是一片片百合瓣。原来，兰州百合生食味更美：脆生生、水露露、甜滋滋。这样的组合，让人领略了百合的两种味道。

头道热菜是一盅汤，不是清汤，是浓汤，取名"福寿全"，选用十八种食材，分别是黄耳、人参果、玉米、花菇、红莲、山药、南瓜等，做成一道汤菜。汤菜自然得喝汤，这汤是有层次感的，先清淡，渐渐浓稠，南瓜沉在最底层，吃起来妙不可言，不仅仅是一个"鲜"字可以了得。

第三道菜叫"水八仙"。众所周知，"水八仙"是姑苏特产。金秋时节，鸡头米正隆重上市。"水八仙"的每一"仙"之味，我们都品尝过，但合在一起，会是什么味呢？在慈姑泥中加入蛋清，将"水八仙"中的若干内容融入，以饼形呈现，上面有水红菱、慈姑片。勾玻璃薄芡，仿佛一汪池水，八仙饼在水中央，池中自有碧绿莼菜。这道菜，看着赏心悦目，品着内容丰富。那"水八仙"的复合味，究竟是个啥味道？有朋友说，吃到了肉饼子的味道！真是怪事！细想想也不怪，美味是相通的，荤菜可以做出鲜味，素食同样可以，它们共同达到一种味蕾美学，那就是鲜美。从这个意义讲，"水八仙"吃出肉滋味，应该是可以成立的。

素食吃出肉滋味，这事可以有。但我一向反对把素食做成鱼肉、鸡肉、猪肉的样子，这很俗。难得品一回大蔬之美，就要为食客表现各种大蔬的形之美、色之美、组合之美、味之美。

一花一世界

江南雅点

在新梅华·江南雅厨餐馆用餐，很多食客都会带些点心归。那里的小点心实在太雅致、太诱人、太美味了。

枣泥拉糕。如果说苏州糕团也讲究时令的话，那么，枣泥拉糕是个例外。苏州一般酒店、餐馆，一年四季都有枣泥糕供应。它是苏州糕团的经典之作，甜、糯、香，不粘牙，具有很强的代表性。假如在苏州糕团上百个品种中，只选一款做代表，那一定就是枣泥拉糕，它是苏州人的四季情人。新梅华的枣泥拉糕不粘牙，有个小小秘密，就是他们在制作过程中，恰好地利用了枣子皮。枣泥拉糕制作的配方是一斤米粉、一斤红枣。将红枣去核、蒸酥，连皮粉碎，加油炒香，与米粉一起揉合。这样做的好处是枣皮的粗纤维顶住了米粉容易粘牙的弊端。凡事都讲究

情人糕

一个"巧"字，这款枣泥拉糕正是这般巧妙！

洞庭雪饺。2016年，新梅华组织了一支美食探索队，深入民间，寻找美食。结果，他们在东山陆巷村的王阿姨家，寻访到了一款洞庭雪饺。探索队员们虚心向王阿姨请教，王阿姨也毫无保留地贡献了做洞庭雪饺的秘方。关键是馅！取红枣，去核剁细；取花生米、胡桃肉，炒香后去皮碾碎；要有糖猪油，一饺一块。我评价过，"一块糖猪油润肥了一腔馅心"。其次是皮和型。糯米粉、粳米粉七三揉合，用玻璃杯压割出一块块滚圆的"粉皮"。包裹馅后，捏成一个三角形，十分俊俏。上笼蒸，要把握火候。蒸过头了，雪饺会塌。一定要保持洞庭雪饺俊美的线条与挺拔的站姿。

白玉方糕。方糕，在苏州城里称五色方糕，因方糕馅的五种色彩而得名。出名的是苏州桂香村（从前在东中市，现搬至苏博旁）。而在东山，人们称方糕为白玉方糕。可见，新梅华·江南雅厨的这块糕也是受了东山人的影响。这块方糕比苏州常见的方糕要小一些，是大方糕的四分之一。这块小方糕妙啊，妙就妙在糕面上的刻花，有江南之拱桥、花窗、宝塔、小亭等。一块小方糕置于一只小小的竹编蒸笼里，那实在是美之极、雅之极。难怪食客吃了都还想带。

情人糕。这是一款江南雅厨创新点心。两条小凉糕，一红一白，仿佛三白与芸娘（《浮生六记》主人公）。白糕的面上飘几朵通红的丹桂，红糕中夹着粉色玫瑰馅。他俩深深依偎在一起，要稍稍用点劲才能分开。给个注解词，叫"甜甜蜜蜜，黏黏糊糊"。好比一对热恋中的情人。最是情人糕的味道好。甜得适度，甜得正好，多一分过了，少一分欠了。两款糕中分别滴了朗姆酒、黄油和五粮液，口感增香又添爽。原来，这还是一对国际恋人——苏州"小娘鱼"爱上了外国小伙子。

虾肉烧卖。"烧卖、烧卖，现做现卖。"糕点师傅擀皮子是一绝，一小团湿面，撒了干粉，团团转转地擀，一块皮子，四面折皱，加了馅团起来，似一朵盛开的鲜花。我曾经把苏州烧卖称作如花烧卖。传统的苏式烧卖有糯米烧卖、鲜肉烧卖。江南雅厨推出的是虾肉烧卖。每只烧卖选一只青虾虾仁。青虾，个头较大、尾部较长，保鲜度高。在开口处，插入虾仁，长长的尾部拖出，成了这只烧卖的一个亮点。这就是雅厨雅点的独到之美。

江南雅点不仅是好看的，更是好吃的。他们对一些传统点心进行了改良，比如白玉方糕的糕面，加上了江南园林的元素；比如双馅团子、松花团子的个头，微缩了、细气了；再比如黄松糕。黄松糕，从前是最大众的点心，我记得上世纪六七十年代，是四分钱、一两粮票一块，用头粗粉、赤砂糖制作，很甜，也很耐饥。时至今日，人们吃点心，不求耐饥，不求吃得太饱，需要一次多品种品尝。江南雅厨的师傅们把传统黄松糕做了改进，一是将头道粉改为细粉，二是减少用糖量，增加了糖桂花，使得从前五大三粗的黄松糕细腻了、轻糖了、添香了。

品尝江南雅点，特点是传统品种、经典款式与现代美学、健康口味结合。要感谢两位老师，一位是江南雅厨老总金洪男，他是位厨师，也是位画家，他用画家的审美在做餐饮，设计菜品、设计点心；还有一位是新梅华点心顾问汪成，他是中国烹饪大师，做了一辈子苏式点心，七十多了，如今还在发光发热，每天在研究，每天在改进，让苏式传统点心走进新时代。

一

　　说到母油，很多人一脸迷茫。何为母油？母亲做的酱油？母黄豆榨的油？黄豆还分公母吗？真是令人捧腹了。母油，头道酱油。有道是"秋油伏酱"，伏天做酱，秋天收获酱油。传统做法是黄豆、面粉、菌种充分结合后，装入酱缸，缸口戴斗笠，任其日晒夜露。入秋，开缸收获酱油，第一批取得的酱油，便称母油。撇去母油，缸中便是一般酱油，古人称"秋油"，后人称"抽油"。超市里最常见的有生抽、老抽等。

二

　　唐代文学家陆龟蒙，曾长期隐居甪直，自

母油鸭面

母油鸭面

号甫里先生，平素最喜欢养鸭取乐。至今甪直仍留有甫里先生斗鸭池遗迹。他还发明了诸多鸭馔，其中最出名的是甫里鸭羹。取鸭肉切丁，与火腿丁、虾米、干贝丝、蹄筋段、鲜笋丁、香菇丁、小鱼圆、荠菜碎一起；略紧汤，微勾芡，各客分菜。它成为苏州菜中的经典。文人雅士做菜细气、讲究。甪直水乡鸭多，也都有酱品厂，普通老百姓则做母油船鸭。整鸭、宽汤，选用上等酱油做，便是母油鸭。因为是整鸭，为其量身定做了一个器皿，长圆形，俗称船盆。煮熟的鸭子装在船盆里，就称母油船鸭。这个器皿与一般传统船盆略有不同，较深，可容较多的汤。为啥？这母油鸭汤还要派大用场。

三

两年前，评选"苏州十碗面"。澹台湖大酒店推出的母油鸭面当选。我记住了澹台湖大酒店的母油鸭面，但一直无缘去品尝，只依稀记得我当评委时，品尝汤面的瞬间滋味，虽只一口，却如电闪雷击，令人难忘。

吴文化博物馆开放了，每次去，回来就顺道去澹台湖大酒店吃碗面，真觉绝配！

苏州传统名菜——母油船鸭，宽汤，浓油赤酱，鸭头及鸭背浮出汤面，还要铺上炒得金黄的京葱段。一只鸭，苏州人称鸭壳子，两条腿，一个胸脯，卸了后，感觉差不多没什么肉了。于是就想那份美味鸭汤。不论是在菜馆，还是在家里，懂吃、会吃的苏州人将会用这道浓郁的母油鸭汤做面。在澹台湖大酒店，把母油鸭面作为一个独立品牌，自然不可能端个整鸭砂锅给客人，而是把母油鸭分割成若干块，装小碟，与面一起呈现给食客，这个称作"过桥"。有趣的是，酒店呈上这份母油鸭汤面时，会放上两片甪直萝卜。这两片甪直萝卜可是不一般，其选用在常熟、张家港地区特有沙地种出的加长萝卜，腌制近一年，我称作是"酱品中的昆曲"。价格不菲，超过肉价，自然也超过鸭价。吃这碗面，咬一片甪直萝卜，让你想起甪直古镇，想起陆龟蒙，仿佛正与古人对话，分享甫里先生养鸭之乐趣。

四

一碗母油鸭面，吃得满嘴留香，余味无穷。于是，想再品两道鸭肴。

香酥八宝鸭，苏帮传统菜。鸭不开膛，却拆骨，这是绝技。从颈部开口处，把糯米、瑶柱、香菇、火腿、莲子等"八宝"塞入。先红烧，再油氽。鸭皮脆、鸭肉嫩，而鸭肚子里的"满腹经纶"，实在是妙不可言。

脆米鸭方。取苏式传统香酥鸭精华，加入了更丰富的食材，是一道新版鸭馔。取得鸭肉，片长方条，加一件"外套"：糯米、香菇、火腿、香菜碎、葱花，成为双层。先在油里煎，定形。再翻个身进大油锅氽，迅速捞出，即可上盆。这道鸭肴最大亮点是，有了松脆的饭粒，如苏州小吃粢饭糕，口感便有了全新享受，令人愉悦。

一

假如把苏州相城区的文化压缩再压缩，只说"三个一"，那就是"一块砖""一只蟹""一个人"。砖是金砖，蟹是阳澄湖大闸蟹，人便是沈周，吴门画派创始人。

沈周热爱家乡，一生居家读书，吟诗作画，优游林泉，追求艺术，主要生活圈就是在相城阳澄湖边。他平时经常带几个学生泛舟水乡，写生作画。传说某一日，沈周带了学生坐船写生，突然闻到炊烟中的奇香，好不诱人，顿觉饥肠辘辘，就让人停了船，带着学生循香而去，敲开一个农户的家门，里面十分热闹：六个子女在为六旬母亲过生日。沈周说自己也来祝贺，顺便讨杯酒喝。农家人十分兴奋，忙请沈周

沈周鸡汤碗

沈周鸡汤碗

入席，尊为上座。一会儿，上了第一道菜，是一只海碗，上面覆盖五颜六色各种食材。沈周品一勺汤，鲜美无比，就问这是什么菜？老太说："清蒸鸡！我六个孩子今天为我做寿，和乡下厨师商量，就各选一种食材与鸡一起清蒸，表达孝心。"沈周听后连声夸赞其子女孝顺。从此，沈周在自己家里也做这道菜，于是这道菜的名声便在阳澄湖地区传开了，大家把它称作沈周鸡汤碗。

二

沈周鸡汤碗在相城区相当普遍，操作起来并不难。阳澄喜柯大酒店餐饮总监曾凡武做了示范。海底碗里装的是鸡块（有的农家喜欢放点白菜），形成一个平面。面上则由各色时令食材铺开，红的是香肚，黄的是如意蛋卷（农家多用小蛋饺），绿的是莴笋，白的是笋片，黑的是香菇，要蒸一个半小时，把鸡的鲜味吊上来。

这菜一定是鲜美无比！一只鸡，切块清蒸，就那么点汤，原汁原味，不鲜掉眉毛才怪呢！这菜符合健康、环保的菜肴要求，蒸菜，不油炸、不浓油赤酱，味道是清淡的，香气是浓郁的。这道菜达到现代美学摆盘的要求，五颜六色，鲜艳夺目，食材切得规整，排得齐整，形似一幅画，端上桌的第一眼，令人直呼"惊艳"，赶紧拿出手机拍照。

苏州菜馆要做好经典菜，做好头道菜，菜品要有文化内涵，要有美好寓意，要有生动故事。众所周知，苏州城里，请客一桌菜，头道菜一定是虾仁。用吴语，虾仁读作"花人"，与"欢迎"音近。所以在苏州城的餐馆酒店，服务员上虾仁菜肴时，应该要说一声"欢迎"。苏州现在有十个板块，为什么要千篇一律呢？完全可以挖掘当地餐饮文化，打造各市、区独特的头道菜、招牌菜，形成经典菜。比如相城区，完全可以把沈周鸡汤碗打造为"相城第一菜"。

三

挖掘传统文化，打造经典菜肴。在相城区，还有一款网红美食，一只鹅：燋鹅。

古人之燋，乃"草里封泥，塘灰中燋"，燋，其实就是"泥封法"，与常熟叫花鸡做法类似。到了宋代，人们发明了一款锅，将各种调料放在锅中与肉类同煮。今天相城的燋鹅，沿用的是宋人做法，煮鹅时选用了丁香、桂皮、茴香、甘草等十多种香料。烧燋鹅有讲究，大铁锅，木头锅盖，用硬柴做燃料，有点类似藏书羊肉的烧法。相城区最出名的是祝家燋鹅，老板做鹅二十余载，是个肯动脑筋的人，他在传统配方基础上，吸收了清真寺做五香牛肉、苏州酱鸭、南京板鸭等做法，融多种技艺于一炉，使得祝家燋鹅独树一帜。品祝家燋鹅，卤香浓郁，表皮爽滑，鹅肉酥而不烂，紧致而不柴，冷吃更为干香。相城人招待客人，都用燋鹅做冷盆。

一

几年前，评选"苏州十碗面"，我去当了评委。"苏州十碗面"是胥城大厦奥灶面、澹台湖大酒店母油鸭面、重元寺香积厨福寿面、环秀晓筑苏式笋油面、琼林阁面庄醇香肉排面、沙洲宾馆宴杨焖肉面、常熟望岳楼老面馆虞山蕈油面、同德兴奥面馆枫镇大肉面、太仓双凤俞长盛羊肉面店红烧羊肉面、陆长兴爆鱼面等（因为有并列实际获选的不止十碗面）。

2019 年，苏州又搞了一次面浇头大比拼，最后称有两百四十多种，还说要申请吉尼斯纪录。我对此保留了意见，也没参与。因为我觉得，苏州出品的是一碗面，而不是面浇头。做好面浇头，推出再多的面浇头，与苏州做好一碗

阳春面

捞面

面并没有太大关系，反而分散了精力，说难听一点，有点花里胡哨了。苏州面馆还是要在"面之本"上下功夫、打擂台，这便是一碗阳春面，业内称"百面之母"。

二

老横泾面馆，2020 年苏州网红面馆。中午时分，很多苏州人乘车、驾车赶去。我去实地体验。但见 400 平方米的店堂座无虚席，售票处排着长队。我瞥了一眼墙上挂着的价目表，林林总总，各种浇头面有 35 种，写在头条的是：阳春面，每碗 4 元。这让我有点感动！

老横泾面馆全身心做好一碗阳春面。

为了这碗阳春面，店主潘志强整整琢磨了一年。

阳春面，贵在汤。现在苏州人都知道，秋冬季红汤面，就是奥灶面；春夏季白汤面，就是枫镇大面。其实，本源并非如此。苏州阳春面，讲究汤料，面汤是熬出来的，用的是猪龙骨与筒骨、鸡壳子（老横泾面馆用老母鸡）、螺蛳、黄鳝骨、猪肉皮等，放在一起笃，要笃三四个小时，把这些食材的内在精华"吊"出来，这就构成了原汤。有一样秘密武器，叫助汁，就是烧焖肉留下的原汁。烧红焖肉，留下酱色助汁；白焖肉自然是乳白助汁。极咸、极鲜。在原汤中加入助汁，再加入猪葱油，便构成苏州阳春面的基本面汤。夏日用白汤，加入小香葱。冬日用红汤，加入香蒜叶。昆山人在苏州红汤基础上加入七八味中药材，便是奥灶面汤料。枫桥镇人在苏州白汤基础上加入酒酿，便是枫镇大面的汤料。其实，最基础、最根本的还是苏州阳春面的白汤、红汤，"百面之母"的本！

阳春面，贵在面，也就是面坯。好的面坯，无非是两点，第一是要多压制几遍，一般水面压四遍，老横泾的面压六遍，面久煮而不糊；第二是和面时加入鸡蛋，老横泾面馆的面加的是草鸡蛋，一斤面粉一个蛋。

三

老横泾面馆的面浇头有三十五种，且随季而变，不时不食。苏州人赶去吃面，每次都能品尝到不同的浇头。其中，点击率最高的一碗面是九浇烩面，九种浇头，单独现炒，一面一炒。这九种浇头，也是随季而变。我在国庆假期去点吃九浇烩面，食材分别是虾仁、火腿、鱼片、爆鱼、蹄筋、毛豆子、笋片、木耳、蘑菇。这九种食材炒成一份面浇头，味道是可想而知的。潘老板风趣地说，九浇烩面可以理解为"久交会面"，好朋友、老朋友以面会友，实在是一个"情"字。带着感情吃面，带着感情做面，是老横泾面馆的最大特色。潘老板带着回报之心在开面馆。他的员工给我讲了一个故事：有时候，面馆一早就开，满足苏州人吃头汤面的愿望。人手不够时，潘老板亲自下厨。有的老农只买一碗阳春面时，潘老板会悄悄在面底塞进一块焖肉。有时候，带孩子上学的家长吃面，买一碗面，他会悄悄送出两碗面，一个大碗，一个小碗。他说，让孩子也完整地吃碗面，免费了。这故事，让我有点感动。以一颗爱心在开面馆，爱家乡，爱父老乡亲，你说，这样的面能不好吃吗？这样的面馆能不红火吗？

江苏运河宴

一

千年运河，静静流淌，缓缓述说。

京杭大运河，顾名思义，头在北京，尾在杭州。大运河在江苏境内，流经九座城市："大汉雄风"之徐州、"楚风水韵"之宿迁、"漕运之都"之淮安、"运河原点"之扬州、"江河交汇"之镇江、"三吴之枢"之常州、"运河一环"之无锡、"东方水城"之苏州。

江苏境内的大运河全长690千米，江苏也是大运河上水道最长、文化遗存最多、保存状况最好和利用率最高的省份。今天，我们依旧称大运河为"黄金水道"。江苏的运河运输量可以超过七条铁路。

其实，大运河更是一条文化之河，我们研

究大运河文化，弘扬大运河文化精神，我把它定位在"沟通、交流、融合"之上，这种沟通不仅仅是经济的沟通，这种交流不仅仅是商品的交流，这种融合更是文化的融合。因为有了大运河，江南文化才如此丰富、丰满、兼收并蓄，焕发出中华文化之光。

二

江南文化不是空对空。江南文化的具化：声化为昆曲、评弹……硬化为园林、建筑……艺化为苏作、苏工……软化成四季风俗……

美食是一个地区文化的软化物，所谓一方水土养一方人，育一方物。一个地方，有什么样的山水风土，便有什么样的独特物产，也便派生出什么样的风味美食。数百年的积累，经典美食为人们耳熟能详。说到徐州，人们会说羊方藏鱼，会说烙馍、锅盔和沛县的鼋汁狗肉。说到宿迁，人们会想到山楂糕和猪头肉，据说宿迁猪头肉乾隆皇帝品尝过、赞赏过，有"乾隆老汤"的雅称。说到扬州，人们会说起大煮干丝、千层油糕、扬州炒饭，津津乐道三头（狮子头、整猪头、鲢鱼头）宴。其实，淮安菜系与扬州菜系并列，被称为淮扬菜系，它可是中国四大菜系之一啊！说到镇江，人们会想到镇江香醋、水晶肴肉、锅盖面。说到淮安，自然就想到茶馓——被屈原写成"粔籹"的美食。说到常州，自然会说起萝卜干、麻糕、风鹅、扎肝、白芹菜……说到无锡，油面筋、酱排骨、梁溪脆鳝最出名。民国后，无锡人喜欢靠近京都大菜，推出了"南料北烹"菜系。而说到苏州，春有碧螺虾仁、腌笃鲜，夏有炒肉团、荷叶粉蒸肉，秋有"水八仙"、母油船鸭，冬有藏书羊肉、松鼠鳜鱼……

松鼠鳜鱼

三

苏州澹台湖大酒店要做江苏运河宴，邀我作指导，我说，"讲究时令"，运河宴可以四季各做一版。金秋十月，可以做江苏运河宴（秋季版）。酒店行政总厨孙佩洪即与江苏九座城市的同行电话沟通，了解这个季节当地的食材与菜点。我也打了几个电话，做"田野采访"。常州的朋友告诉我，秋季当大雁开始往南飞的时候，常州溧阳的山上、竹林里会冒出一种蕈，当地人称雁来蕈。哇！多美的意境，多美的名字。一款让人心动的食材。

江苏运河宴的八冷盆称"飘香开篇"：水晶肴肉（镇江），冻山楂糕、猪头肉（以上宿迁），苏式酱鸭、虾子鲞鱼、白兰茭白、东山湖羊（以上苏州），溧阳水芹（常州）。

白兰茭白实乃苏州冷菜之一绝。选用新鲜茭白，煮一下，冷却后雕刻成一朵朵"苏州三花"之一的白兰花，在卤汁中浸过，但一定要保持本白，留一点尾，套上香葱，宛如一朵刚从树上采下的鲜花，百看不厌，不忍下箸。真吃了，送入口中，水灵灵，鲜滋滋，江南水乡好味道。

江苏运河宴十二道热菜称作"运河十二章"，依上菜次序有迎宾虾仁（苏州）、大煮干丝（扬州）、平桥豆腐（淮安）、梁溪脆鳝（无锡）、溧阳风鹅（常州）、长鱼软兜（淮安）、荷塘小炒（苏州）、地锅土鸡（徐州）、狮子头王（扬州）、松鼠鳜鱼（苏州）、雁来香蕈（常州）、鸡油菜心（苏州）。

三道点心称"浪花三曲"：香脆麻糕（常州）、蟹黄汤包（淮安）、白玉方糕（苏州）。

主食为母油鸭面（苏州澹台湖大酒店荣誉出品，列入"苏州十碗面"）。

喝一口黄酒，赏一盆秋菊，回味江苏一座座名城，这样的江苏运河宴，道道是美味，种种皆风情。

一

谢蟹宴

我的家乡在洞庭东山。

东山的秋景最是美。"沿太湖数十里长的芦花白了，山上的橘子红了，山道边的银杏树叶黄了。一阵风过，小折扇似的银杏树叶飘飘落地，地上则有了一条松软的黄地毯……"这是十余年前我写东山秋景的一段文字。如今有变，东山的料红橘少了，电视剧《橘子红了》的场景不再了。倒是东山宾馆有心，保留了上百株料红橘子树。我是在东山宾馆的山坡间重温自己的一段文字的。

不变的是螃蟹，"西风起，蟹脚痒"，金秋时节，太湖的美食定格于螃蟹。湖边不时见摊、见盆，水盆里有活泛的大闸蟹出售。山里的"农家

雪塔鱼肚红蟹斗

乐"让一只只通红的螃蟹爬上了餐桌。双休日，进东山的公路有点堵，外地车排着队进入东山古镇。而东山美食领跑者东山宾馆，想着"持螯赏菊"时，该如何把螃蟹做成精美蟹肴，做出2020年的蟹宴。

二

我的想法和东山宾馆的大厨黄明的一致，他说："我正想找你，我们来设计一些金秋蟹肴，推出一桌蟹宴。"我脱口而出：谢蟹宴——谢师、感恩，以螃蟹的名义。

黄明是东山宾馆副总经理，中式烹调高级技师，从厨三十一年，有一手过硬的烧菜技艺，白案也能上手。最主要的是，黄大厨有文化、有想法，不但菜做得好，更有现代美学观点、装盘功夫。他还是位长跑运动员，曾数次跑过马拉松。我与他交谈甚欢。我们用了一周的晚上时间，借助手机，微信来、微信去，把每道蟹菜的亮点都讨论了，争取把这一桌谢蟹宴做成既有经典苏州菜的魂，又有时代特点的创新之作。当然，背后的小小得意只属于自我，谢蟹宴能不能成功，要靠大众点评。

三

谢蟹宴的前菜（苏州人称冷盆）有九道，我称作"8+X"。X就是菊香熟醉蟹。这几年，苏州人流行吃熟醉蟹。从前的醉蟹都是生醉，虽然白酒杀菌，但很多人还是心有余悸。现在改为熟醉，真好！螃蟹蒸熟，合一款浸卤，无非就是花雕酒、茴香、陈皮、八角、香叶、话梅、冰糖、酱油等。蒸熟的螃蟹放在卤里浸一夜，第二天就能品尝，很入味，广受欢迎。熟醉蟹，安全又美味。"八冷盆"即白切羊肉（最东山）、醉老烧鱼（最太湖）、咸香草鸡（最农家）、糟冻蟹钳（最创意）、葱油红菱（最苏州）、杨花萝卜（最亮丽）、稻熟毛豆（最当令）、桂花塘藕（最本土）。其中的糟冻蟹钳最有趣，取螃蟹大钳，剥出整肉，入冻，做成小金条，水晶般，透明的，类似于琥珀蜜蜡，好看又好吃。

主菜有八道，第一道蟹黄冲浪迎虾仁，就让人弹眼落睛。每人一个小石锅，里面有蟹粉、虾仁（留了尾巴，称凤尾虾仁）、锅巴碎。用小铜壶将滚烫的高汤冲入锅中。因为有锅巴碎，吃口便香；因为有冲浪，这菜便有了乐感。

雪塔鱼肚红蟹斗，既传统，又创新。苏州传统菜有一款经典菜品叫雪花蟹斗。从前，金秋时节，持螯赏菊时，苏州的领导在国宾馆招待外国友人，就用这道菜。今天的创新，就是红蟹斗里装的不是蟹粉，而是鱼肚，真挺好！

第三道菜，叫太湖萝卜藏玛瑙，将太湖萝卜做成一个器皿，里面装蟹粉、蹄筋，蟹粉中由两颗碧绿白果点缀。假如萝卜能更酥一点，再用高汤渍过，会更佳。吃过荤腥，总想要咬一口蔬菜的。

谢蟹宴主菜还有脆皮香鸭石榴包、蟹粉玉枝跳鳜鱼、南腿折扇苏州青、白菜蟹粉狮子头、红袍横行大将军。这第八道，自然就是完整吃只大闸蟹，值得肯定并提倡的是，上螃蟹同时上一碟一盅，碟里装姜醋，盅里盛姜糖汤。这便是苏州人吃蟹的一份人文关怀。螃蟹，从本质上讲是寒性的，蒸螃蟹时放紫苏、姜片，是为驱寒；吃蟹蘸姜醋，食毕喝姜糖汤，同样也是为了驱寒。享用美食，不忘健康。

两道点心：双麻香蟹壳黄、苏式虾蟹烧卖。

主食：秃黄虾子翡翠面。社会上把秃黄油炒作得沸沸扬扬，称作"蟹粉中的爱马仕"，价格有点吓人，其实秃黄油并不神秘，就是拆蟹粉时将母蟹之黄、公蟹之膏，单独存了又合在一起，在油锅里快速翻炒即成。秃黄油都是装小碟的，也就是量很少，为什么要那么贵呢？谢蟹宴的秃黄油也装小碟，面是绿色的，加了菠菜汁。面上撒虾子。食蟹粉面、秃黄油面一定是拌面。

一份甜品：秋梨鸡头米，很有创意。

四

谢蟹宴的中央摆台很值得点赞。苏州人食蟹一定要有菊花，持螯赏菊方有诗意。在东山食蟹，一定要有红橘、银杏叶作装点。餐桌中间是一幅画，是一首诗，是一种意境，让食客在诗境中品赏母亲湖的秋令奉献。

一

　　把苏州的馒头店叫作包子铺，我总感觉有点别扭。北方人把有馅的称包子；而把没有馅的称馒头，还有一种称谓叫馍。苏州人则不然，从前我们没有包子一说，有馅的、没馅的都叫馒头：肉馒头、菜馒头、白馒头等。两种语言放在一起，就"馒头""包子"而言，北方语言比吴语周密，值得江南人学习。语言，在历史长河里也在发生着一些变化，苏州人开的馒头店也称包子铺，店家为馒头打个广告，也称"××包子"。对此，我并不反对，相信随着时间推移，老苏州也会认可把馒头分类，把带馅的称作包子。

苏式馒头

钳花豆沙馒头

二

苏州的食客倒是一直很喜欢吃馒头的。从前，很多点心店早上都有中号肉馒头供应（打出的品名叫中包）。过年推出紧酵馒头，平常日脚有生煎馒头，最出名的当然是"哑巴生煎"。哑巴生煎店开在皋桥堍之大观楼，是个茶楼。每天下午，店门口排起长龙，俞师傅乐哈哈，幸福地煎着馒头。起锅前，他用小铲子"当当当"地敲着锅沿。持蟹赏菊时，苏州也会有蟹肉大包供应。有点贵，反正我从未尝过。

最近十年，苏州也出现了不少名气很响的馒头，比如曾经有义昌福鲜肉大包，大家都说馅足，一个肉馅像个大肉圆，切切碎，加点料，可以冲碗鲜美的肉汤，可以吃一碗米饭。后来也出现过南园大包、雅都大包、花园大包等，都出现过食客排队买馒头的场面。如今都已渐行渐远。星级酒店中，唯新城花园酒店的花园大包还是不错的，但排队现象也已不再。

苏州有一家包子铺，有点常胜将军的味道。十六年前，店开在悬桥边的井巷16号，供应品种除汤面外，还有馒头和烧卖。两年前，临顿路要修地铁，那家面馆被拆迁了，店搬到了旧学前9号，面积扩大了一倍，只做馒头了，便称"包子铺"。2020年10月，这家点心店开出新店，在苏州闹市中心的宫巷62号，面积又比旧学前店扩大了近一倍，看店招，中间是"蛮好阁"（用吴语读才有意思呢），左边是"包子"，右边是"面馆"。店越开越大，品种越来越多，生意越来越好，不变的是味道，是温度，这份温度就是店家用良心、用热心、用最好的食材做出的美味佳点。

三

蛮好阁的馒头最合苏州人口味，最受江南人欢迎，据说，不少上海人专程到苏州买"蛮好阁"，一买就是几十只，甚至上百只。问为啥？答，回到家，左邻右舍，亲亲眷眷一分，自家就没能留几个，"好家什不及三份派"。

蛮好阁馒头最是苏州味道。

一品钳花馒头（现已称"包"了）。这是最具苏州特色的一款馒头，里面是玫瑰馅，打开馒头，流出的是玫瑰色的馅，看着悦目，吃着窝心。外表是正常的馒头形（没有褶皱），表层用一种特制的铁钳，钳出一朵一朵小花，颇有贵气，正中有三颗"红痣"，鲜亮夺目。这款馒头颜值极高，特色极强，堪称苏式馒头之经典。

菜馒头，亦称素菜包，是蛮好阁包子铺卖得最好的一款。苏州一棵菜，一年四季有不同表现，鸡毛菜、小青菜、大青菜等，品种就叫苏州青。用苏州青做菜馒头，青菜一年四季有保障。拌菜馅时，加入了香菇末、金针菜末、香豆腐干末，一定要有足够的菜油、淡淡的麻油，微微加点糖，吃口是香喷喷、甜滋滋的就是苏州菜肴的标配味道。

豆沙馒头，亦称一品大包。掰开一只馒头，里面不像玫瑰馒头似的，会流出玫瑰汁馅，豆沙馅稍干些，加了玫瑰花干，拌了熟猪油，吃口香甜。馒头表面钳花，与玫瑰馒头同样"表情"，只是中间"红痣"少了两颗。或许她才是最正宗的一品钳花细沙包呢！

糯米烧卖，有必要说说。这款烧卖的馅是糯米饭，用红烧肉汤拌的，有火腿碎末，吃口肥、香、糯、鲜。这款烧卖的卖相可圈可点，

糯米烧卖

"丰臀""束腰"、开口、翻边。开口处有二十四个褶皱，其实是一年二十四个节气的表意，外观如一朵半开的鲜花。我写过，晚报记者也写过，我们称她"如花烧卖"。

四

蛮好阁开在悬桥边时，我和一些老苏州一样，经常去吃面，吃好面带一盒馒头回家，当第二天的早餐。印象最深的是三虾面、素浇面。素浇面的浇头真讲究，食材地道，味道上乘。如今发展了，有五十多种面浇头，焖肉、爆鱼、虾仁……还有一款炒三鲜，味道真叫"蛮好格"。

一

一碗馄饨

老苏州人对一碗汤馄饨情有独钟。从前，也就是上个世纪六七十年代，苏州有一家很出名的馄饨店，叫"绿杨"。店开在观前街邵磨针巷口，斜对门是火车站售票处，隔壁是一家生煎馒头店。那时吃食店少，两三家连一起，便"店多成市"了。这里曾是苏州人下午、晚上吃点心的黄金市口。每天，绿杨馄饨店总见人在排队。就卖两种馄饨，大馄饨，一角四分一碗；小馄饨七分钱，都是要收粮票的，每碗一两。

那时候，苏州的戏院、电影院集中在两个地方，其中最热闹的一地是苏州北局"小公园"。那里有大光明、苏州、新艺、大华四家电影院，还有开明大戏院和苏州书场。小公园俨然

苏式汤馄饨

是苏州古城的娱乐总汇。偶尔，懂生活、会生活的苏州人也会浪漫一下，和最亲密的人一起去看场电影，电影散场后双双走进绿杨，品尝一碗美味馄饨。两个年轻人一起，自然就买大馄饨了，虽然心里觉得有点贵，但毕竟是难得的嘛！请吃小馄饨终究有点小气了。眼睛一斜，看到邻座的老夫妻正有滋有味地吃着小馄饨，还是有点眼热，从某种意义讲，小馄饨最是可口、宜人。

二

　　馄饨在中国是有历史、有故事的，也是花开全国的大众食品。馄饨在各地的称谓也有所不同，广东人称"云吞"，四川人叫"抄手"，湖北谓"包面"，安徽说"包袱"，福建、台湾则呼"扁食"。虽说同是馄饨，但形状、内容、汤料、食法大相径庭。四川人的红油抄手是拌馄饨，大量辣油、辣子，大红，江南人看了心颤。广东人的云吞形状像个小布兜，里面躲着一只美美满满的大海虾仁。广东人云吞里还可以加面，他们的汤料十分讲究。

　　苏州人还是最思一碗苏式汤馄饨，心里的参照标准，就是从前的绿杨馄饨。上馆子品馄饨，毕竟是难得潇洒，会过日子的苏州人大多是在家里裹馄饨的。初冬时节，野生荠菜上市时，买回两斤，一家人在太阳下拣菜。一棵荠菜，剪去头，掐掉黄叶，清水洗净，焯一焯后斩成碎末，拌入肉酱，加入河虾仁，加了调料后要多拌，拌了满满一海碗馄饨馅。一家人团团围坐，大家都来试身手。先烧一个，尝尝味道，再将味道调整。于是，家庭裹馄饨比赛正式开始，看谁裹得快，裹得好看。裹好的馄饨，齐整地排列在竹匾里。一次要裹很多，不仅一家人要吃个"煞念"，还要端送左邻右舍，"金相邻，银亲眷"，苏州人家的左邻右舍亲如一家，做了美食，总要让大家分享。

我想不通的是馄饨名字的由来，形如元宝，挺吉祥的食物，为啥会与"混沌"同音？百度上这样讲，一说"形如鸡卵，颇似天地混沌之象"；一说西施做了馄饨给夫差吃，心里骂他混沌不开。我以为都是牵强附会的。约定俗成吧，大伙把馄饨叫熟了，也叫顺了，那就继续称馄饨吧。中华大地，"冬至馄饨夏至面"已成民俗。

三

与我一样，对一碗苏式汤馄饨心心念念的苏州人还真不少。苏州太湖明珠菜馆，开店十八年了，他家的美味佳肴倍受食客喜爱，尤其是主食三白馄饨更是令人难忘，"一口吃到妈妈的味道"。五年前，餐二代杨雅静成了菜馆掌门人，她除了按季节推出时令菜肴外，心里还有个"小九九"：要把馄饨做好，达到并超过从前老绿杨馄饨的味道。她悄悄地为自家馄饨注册了商标——欣杨。一旦时机成熟，她就要为欣杨馄饨自立门户。我一直鼓励她、支持她，毕竟，苏州的美食天地里需要这一碗馄饨。

欣杨馄饨选材讲究，荠菜，必是野生的，而非大棚产，因为两种荠菜的鲜美度完全是不同的。荠菜必是新鲜的，要当天农民挑了送来的，而不是冰箱里的冷冻菜。肉酱必是当天买了猪肉、当天绞的，不用冰肉酱。欣杨最经典的三白馄饨已经做了十八年，早已是老食客心中的金牌。三白即太湖之白鱼、白虾、银鱼，虽然目前太湖已退捕，但他们还是习惯到光福镇的太湖渔港去采购，听说那里还是很热闹，只是鱼虾并非太湖野生的了。三白进厨房，白鱼刮鱼茸、白虾拆虾仁，银鱼要切碎，合一起，加入少量猪肉酱，拼命搅拌，便是三白馄饨馅。食客吃到的便是纯正的太湖三白复合味，"一口吃到太湖的滋味"。

苏州汤面、汤馄饨，汤自然是重中之重。从前的绿杨用的是猪骨头汤，而欣杨现在用的是鸡汤。鸡汤馄饨啊！从前，苏州人家吃馄饨用鸡汤，那可是一件很奢侈的事，给邻居送馄饨，要专门说一句：今朝请吃鸡汤馄饨。大碗、宽汤，一只只透色的银元宝在宽汤中漂浮，汤水中有碧绿的小葱、蜡黄的蛋皮、绛红的紫菜。这就是今日之欣杨馄饨！欣杨馄饨讲究色、香、味、形、器。

欣杨目前面市的馄饨品种有特色三白馄饨、虾仁鲜肉馄饨、芹菜鲜肉馄饨、荠菜鲜肉馄饨、白菜鲜肉馄饨（菜讲究时令，不进冰箱）。正在研发的有笋干鲜肉馄饨、香菇青菜馄饨。

苏州已是个移民城市，新苏州人超过七百万。为了照顾各地食客的思乡之情，欣杨还供应川式红油抄手和广式大虾云吞。可以说，他们做得比川式更川、比广式更粤，要把各地的特色夸大了做，这样，才能让新苏州人杀杀思乡之馋，也让苏州食客体验各地馄饨的突出之美。

一

鱼羊宴

中国人造字有"六书"，即"六法"，分别是象形、指事、会意、形声、转注、假借。六书之首是象形。翻读甲骨文解读，大多为象形文字。所谓"象形"，就是依葫芦画瓢，要创作一个"鱼"字，就先画一条鱼，再缩减，用线条表现，逐步改进，就成了今天的"鱼"字。鲜是一种味觉，要用实物来表达，古人要创作一个"鲜"字，用一个"鱼"字，或用一个"羊"字表达都不行，那只是鱼味和羊味，假如把这两样世上鲜物合二为一，是一种复合的味，那才可称得起鲜味啊！这种造字方式称会意。中国古人真是聪慧绝顶。勾勒一条鱼，简画一只羊，拼合起来，就是要表达、要命名的一个字：鲜。

"肝胆相照"

二

鱼和羊的组合，真的是鲜味吗？是的，毋庸置疑。如果某人因不食羊而不解其味，或是某人不食鱼而难解鱼味，斯人就 out 啦！

"有必要做一桌鱼羊宴，让天下人品尝太湖的味道、水乡的味道、江南的味道。"香山国际大酒店的邹钧总经理如是说。这家酒店还真是有责任、有担当。他们根据时令，撷取当地、当季的食材，巧妙组合，推出一系列特色佳宴。我印象中有梅花宴、碧螺宴、荷花宴、全鱼宴。每一桌宴都有诸多亮点。全鱼宴最大亮点是一条炙鱼。何谓"炙鱼"？又为何太湖旁酒店要做炙鱼？原来在香山国际大酒店附近，有一座古老的炙鱼桥。两千五百多年前，僚成了吴国国王，公子光不服，精心策划了谋杀案。他挑选了专业刺客专诸。专诸研究僚，发现僚特别爱吃鱼。于是，他来到太湖旁，向太湖渔民学做炙鱼。炙鱼即烤鱼。在将炙鱼献给吴王僚的刹那间，专诸拔出藏于鱼腹中的鱼肠剑，将僚刺死，从而成就了吴王阖闾的一番大业。香山国际大酒店推出的全鱼宴中再现了太湖炙鱼的形与味。取一斤以上鳜鱼，鱼身划刀，插上火腿片，鱼肚里藏一支秋葵，在火上烘烤，鱼皮微黄时用荷叶裹后即可装盘、上桌。在食客的欢呼声中，一条炙鱼被一抢而光。人们品尝了太湖炙鱼的味道，观赏了炙鱼的暗藏杀机，回味着历史曾经的一幕。我想，这也许就是今天的苏州美食要追求的摆盘惊艳、佳肴美味、回味无穷的三重境界吧。

三

酒店是第二年做全鱼宴，可以称是 2020 版。第二次做，自然菜品会有所提升，于是有了这一次的鱼羊宴。

八道冷菜中，创新菜是"肝胆相照"。胆，取了个谐音，其实是蛋，咸鸭蛋黄。外圈是羊之肝。羊肝明目，做成冷菜，吃口硬香。咸鸭蛋黄，色泽漂亮，塞在羊肝中，切成薄片，一片一片，造型讲究，宛如一只只明亮的大眼睛。传统菜自然是藏书羊糕。藏书人烧木桶羊肉，江南出名，天一冷，苏州大街小巷，到处可见藏书羊肉"苍蝇店"。人们进店喝羊汤，出门自是带羊糕。羊糕就是羊肉碎加了汤，冷冻起来，一盘一盘，切成薄片，又鲜又嫩。食这道冷菜，必配平望辣酱。

热菜八道。有的是品尝羊的滋味，有的是品尝鱼的美味，而有的则是让你体会鱼和羊的组合，即是复合型的味，那便是一个大写的"鲜"之味。木桶羊汤，藏书特色。稻香羊排，草原风姿。青蒜羊肚，是我建议的一道家常菜。初冬时节，新蒜叶最是香爽，这时节苏州人吃汤面、喝羊汤，都喜欢撒一点青蒜。与羊肚结合时，需要将青蒜切成一寸长，白的羊肚，青的蒜叶，清清白白。此时之青蒜，实在是其他绿叶蔬菜无可替代的。"鱼圆肥羊"和"鱼羊一品鲜"是两道同一理念、反向表达的创新菜。鱼圆肥羊是肥羊肉片与鱼圆的组合，尝试了加辣，苏州食客现在也越来越多地能接受辣味了。"鱼羊一品鲜"则是鱼头浓汤里加了羊肉丸子。浓浓的、乳白色的鱼头汤本就鲜，加了羊肉丸子，能说是鲜加鲜吗？当然不仅是如此，这是一种复合型的味，是升华了的鲜美。

点心中的羊肉烧卖实在是可圈可点，皮子擀得很到位，薄薄的皮透出红红的羊肉馅。正宗的苏州烧卖合拢处该有二十四个褶，是一年二十四节气的表达。酒店的点心师傅做到了。

冷盆

藏书羊糕、"肝胆相照"、炭火炙鱼、苏式醉蟹、生腌金瓜、手撕青鱼、鸿运酱鸭、萝卜银丝

热菜

木桶羊汤、稻香羊排、鱼圆肥羊、青蒜羊肚、古法炙鱼、石锅沸羊、烂糊白菜、蘑菇菜心

点心

羊肉烧卖、三白馄饨

汤

鱼羊一品鲜

一

冬寒煲汤

　　煲，对苏州人来讲，相当于是个外来词。煲汤，苏州人从不这样说，只说"笃"——"买只蹄髈笃笃"，"买点排骨笃笃"。煲，是粤语；煲汤，是粤菜的重要内容。一桌广帮菜，上的头道必是汤，而且是不见食材只喝汤。广东人把煲汤的食材叫作汤渣，弃而不食。我第一次喝到粤式煲汤，心里觉得那些汤渣丢弃挺可惜的。广东人煲汤，要三小时以上，称"煲三炖五"。冬日煲汤，要加入红枣、桂圆、黄芪等，夏日则加入苦瓜、百合籽等食材，讲究营养，即所谓食疗。苏州人做汤叫"笃"，用砂锅，把多种食材堆锅里一道笃，笃之前食材要焯水，去沫，然后续新水。汤烧开后加盐、料酒、姜片，然后就

苏式全家福

是盖了盖子笃，旺火一小时，文火也要两三个小时（观食材量定）。苏州人笃汤基本规矩：第一，水一次性加足。第二，锅盖不能多开。这样笃出来的汤才清透，才醇厚，行话叫作"有骨子"。

细想之下，做汤用"煲"更准确。苏州人的语言文字也要与时俱进，该改进则改进。我在百盛餐饮采访完，决定把题目中的"笃"改成"煲"。

二

冬至数九，九个"九"，八十一天。当人们完成"亭前垂柳珍重待春风"一幅描红作品时，春天就来了。整个冬季，苏州人讲究一锅汤。饥寒交迫时，最思一锅热汤啊！

冬至过后，苏州人家启用暖锅。江南人的暖锅与北方的火锅有很大区别。暖锅中一般放半熟制菜品，粉丝（苏州人称线粉）打底，用高汤，上面铺蛋饺、肉圆、冬笋片、熏鱼、咸鸡块等。暖锅中间是个炉胆，再中间是燃料。从前最佳燃料是无烟的缸炭，木炭在炉膛中熊熊燃烧，红红的火苗使人倍感温暖。

暖锅的锅膛并不大，要不断加汤。准备点菜心、豆苗（苏州人称寒豆藤）、小菠菜等，烫着吃。

冬日里一锅热汤。白菜打底，有几条肉丝加盟。单如此，便是烂糊白菜。别小看这道菜，从前苏州有家菜馆，就是以出品烂糊白菜出名的，每天有人排队，上海客人打了包带回家。烂糊适当勾芡，里面含有皮冻。天寒，寒风一吹，烂糊很快结冻。打包也有特色，用两个黄色的竹网篮，里面衬好油纸。黄篮头打包，滴水不漏。家里的"全

状元鸡汤碗

家福"自然还会丰盛一些，砂锅里还会加入蛋饺、肉圆、焖肉等，随机而行。母亲的冬日汤肴，就是一个吃着温馨的热砂锅。

三

百盛餐饮在苏州开店二十五年了，最初在凤凰街，也是做汤出名，特别是一碗蚬子汤。二十五年，集合了一大批老客户。百盛很尊重老客户。有一年隆冬，工作人员冒着寒风，给一些老客户送去罐罐羊汤。敲门，捧给你一个保暖罐，打开是滚烫的、乳白色的羊汤，那一口汤，让你喝得感动。那不是一般烧煮的羊汤，而是将羊腿、鸡爪、筒骨、黑鱼、鲫鱼等，放一起笃，一小时旺火，五小时文火，笃出的是个"鲜"，吃口肥厚。那天，我家"小柠檬"正好在苏州，她一个人就把这一罐汤干掉了，喝得滴汤不剩。

百盛冬季做汤肴真是用足心思。吃讲文化，他们推出了"状元鸡汤碗"。这汤肴的由头就是前文提到的相城区的"沈周鸡汤碗"。百盛用心做出了这道有一定文化含量的菜肴。主料清蒸鸡块和油余肉皮不变，汤略宽。"刀面"用料更讲究，白的是冬笋，红的是苏式酱鸭，黄的是蛋卷，绿的是莴笋，黑色是香菇，棕色是酱油肉，居中是一只通通红的熟番茄，正可点题：一片孝心在碗中。

一

冷盆如画

　　一桌筵席，冷盆是前奏，相当于苏州评话说大书前的开篇，交响乐曲的序曲。其实它是很重要的，给人第一印象的是它，定基调的是它，让人难忘、有回味的可能也是它。

　　热菜是一道一道上，相当于是独唱，而冷盆是一齐摆台，相当于是大合唱。调教一个合唱团队要比培养一个独唱演员难得多，要考虑男女搭配，长矮错落；要考虑高中低音，声部和谐。一桌筵席的冷盆，一般是八至十盆，首先要考虑色彩搭配，美食"十字诀"，"色"排第一，色、香、味、形、器……红的酱鸭、叉烧、糖番茄，绿的黄瓜、万年青、马兰头，要间隔摆台，给人第一感觉是五彩缤纷，因为这色，食

五丝会翠

客便打开食欲。同时要考虑荤素搭配，最好是一荤一素摆台，让人感觉讲究营养，服务贴心。

当然，冷盆也要讲究时令，马兰拌香干，只能春季用；糯米焐热藕，当然属秋冬。现在有的菜馆，冷盆总是老八样，菜单一年四季不换，这违背了苏州菜讲时令的基本宗旨。

二

苏州有家裕面堂，开在阊门南新路。老板是位九零后，大学生，现在称作"餐二代"，是个有文化、有抱负的棒小伙。子承父业，把个面馆开得红红火火，每天有客人在排队。我去尝过，无论是面，是汤，还是浇头，在苏州百家面馆中，可以列入第一方阵。小伙子在巩固、完善"一碗面"的基础上，开始打造"一桌菜"，说是要做私房菜，我给的建议是做"吴氏私房菜"。吴氏，苏州大姓。收集、整理以吴氏为代表的家族的私房菜，修改完善，能整合成一桌能够代表苏州士大夫家族风格的家宴。因为所谓"私房菜"，往往是某一家庭中的某一道特色菜，很难成为一桌筵席。用"吴氏"概念来做，涉及范围就广，游刃余地也就大。

裕面堂打造的"吴氏私房家宴"，尚在继续打磨中，倒是宴之前菜——冷盆系列，我觉得如诗如画，给人留下深刻印象。

三

八道冷菜：鸿运酱鸭、美味双虾、虾子白鱼、鱼羊合鲜、五丝会翠、白兰茭白、捞汁西芹、金囊藏宝。

菜肴讲究时令，冷菜也一样。但在苏州，有几样冷菜是可以打通四季的，或者说四季都离不开。比如说酱鸭，苏式酱鸭与杭式酱鸭不同，杭式酱鸭是在酱油里浸出来的，准确说是酱油鸭，特点是咸鲜，缺点是颜色黑不溜秋。苏式酱鸭是鲜鸭做的，用了红曲米（春天烧酱汁肉也用的）。因为这红色特别鲜亮，能将一圈冷盆点亮，因此，春夏秋冬，苏州人点冷菜，都会点一盆酱鸭。

再一样就是油爆虾。苏州人的一桌筵席，冷菜过后的第一道热菜必定是虾仁，而在上虾仁之前，早有油爆虾打了前站，通红的油爆虾让冷盆出彩，激起人的食欲。食色也！

虾子白鱼，一道改良版的苏帮传统菜。从前用咸鲞鱼，外面涂满虾子，鲜是鲜，只是咸得要命。从前苏州人都是搭粥吃，每次只能吃一点点。十年前，胥城潘大师首次尝试用鲜鲞鱼做。作为冷盆菜，真是成功创新，鲜而不咸，一人一块，常觉不够。后来，菜馆又改良，用白鱼做，肉质细腻。那鲜也从海鲜变成了湖鲜，大受欢迎。

鱼羊合鲜，是个双拼盘，用了黄鱼块和羊糕，用实物体现中国文字"鲜"。用羊糕做冷盆，苏州很常见，但裕面堂摆盘有特色，将羊糕切成圆柱形，站立着，仿佛一支支秀笔刺向蓝天。这一小小改动，却有很强的视觉冲击力。见者总想"先喂手机"。这便是一道冷菜要给人的第一印象：惊艳。

五丝会翠。冷菜也要讲究时令。冬季正是吃太湖萝卜的时节，由太湖萝卜邀约其他几种萝卜共舞，这也是有创意的，求的是个"色"字，但吃的还是萝卜丝的本味、太湖的味道。

白兰茭白，可以称"最苏州"！茭白为苏州"水八仙"之一；白兰花，为苏州虎丘三花之一。两者结合，能不"最苏州"？

　　捞汁西芹，体现刀功，口感也爽，味道也灵。

　　金囊藏宝，体现的是个"趣"字。金囊是金橘，里面塞糯米团。
几年前，曾尝过红枣里面塞糯米团的冷菜，叫作"心太软"。如今，
用金橘取代红枣，味道自然是更美的。

　　冷盆如画，如诗，裕面堂的冷菜真是盆盆精彩，让人不忍下箸啊。

孔雀开屏

一管春卷

一

苏州有许多年俗，要准备许多年货，比如"过年四宝"，就是糖年糕、猪油年糕、小圆子、八宝饭，各有各的用场。而猪油年糕通常是用作下午茶点心的。作下午茶点心，除猪油年糕外，还可以是紧酵馒头、春卷等。特别是春卷，苏州人春节期间最是不能割舍。

二

春卷，苏州人心心念念。

离春节还有一个多月，苏州的一些老菜场，比如葑门横街、山塘街等，就出现了做春卷皮子的小摊。一只小煤炉，一个圆煎盘。摊主

乾苏春卷

手里握一团湿面，不停地转动。看准时机，将面团在滚烫的煎盘里轻轻一抹，优雅地转个圈。几秒钟后，面皮四周微翘，轻轻一揭，就是一张雪白粉嫩、滴溜滚圆的春卷皮子。春卷皮买回家，要准备馅，然后要包春卷，再然后，要氽春卷。对于双职工家庭，对于小年轻，要自己在家包春卷、氽春卷，真的会觉得有点烦，十有八九不高兴。

两年前，我向乾苏饮食店建议，春节前做出半成品春卷，选一个透明的打包盒，里面排齐十管春卷，盖子上贴一个大红的"春"字。我觉得那一定能热卖。那一年，我自己也去订购了不少，给亲戚、朋友送年礼，一家六盒，三种馅心。春卷节前到家，存入冰箱，放上一周，应该没问题。

今年春节前一月，"乾苏"掌门人打我电话，说今年还要推春卷，理由是，好多老顾客在打听，今年"乾苏"还做春卷吗？

三

"乾苏"是一家有情怀、有温度的饮食店。店主姓钱。老钱的爷爷曾经是个骆驼担主，从前，挑着骆驼担，敲着竹梆子，穿梭在大街小巷。老钱父子俩有个梦想，恢复祖业，让今天的苏州人重温旧梦，品尝从前骆驼担的美味。终于梦想成真，开了一家小吃店。

铁棍馄饨。分大馄饨、小馄饨。馄饨是鲜肉馅。那肉不是用刀斩出来的，也不是用摇肉机摇出来的，而是用两根铁棍敲出来的。手握两根挺粗壮的铁棍，对着一片猪肉拼命地敲，敲得粉碎。这样敲出来的肉泥，没有破坏猪肉的肌理，吃起来更有猪肉的本味。这是"乾苏"的独家创造。凡吃过铁棍馄饨的，都想再来一碗。"实在吃不落哉！""那就欢迎下次再来吧。"

芋艿糖粥。"乾苏"的糖粥很稠，那是因为火功到位。这碗稠稠的白米糖粥可以有多重组合。可以加一勺细沙（去了皮的赤豆沙），那就是正宗的、骆驼担上的赤豆糊糖粥；可以加一勺小圆子，那是小圆子糖粥；可以保留本色，那就是一碗清糖粥，加一点糖桂花，芳香令口齿留香。最精彩的是芋艿糖粥。选用太仓红梗芋艿，与粥同熬，粥的米粒都开花了，芋艿也是，入口即化，老人、小孩都喜欢。

锅贴。两种馅：猪肉、牛肉。牛肉锅贴最精彩，令老苏州想起从前石路回民点心店，想起鸭黛桥边点心店，那两家的牛肉锅贴最地道，都由回民师傅操刀。那时候，吃一客牛肉锅贴，还要再配一碗咖喱牛肉粉丝汤。苏州很多老吃客就此爱上了咖喱味。

油氽排骨。猪大排，用铁棍敲，把肉敲松，把面积敲大。调盆面糊，拍个鸡蛋，加五香粉少许。排骨滚满面糊，进油锅里氽，氽到金黄色，翻个身再氽。外脆内嫩，那是最佳油氽排骨。

苏式绿豆汤。人们在家里很难做好绿豆汤。绿豆汤看似简单，其实做起来程序不少，还有秘诀。绿豆宜蒸不宜煮。那碗（杯）中之汤不是与绿豆同煮的汤，而是配好料后加入的甜水。绿豆汤，基本要求是汤要清澈，如此方显五彩绿豆汤之美。所谓"料"，从前用红绿丝，有色素，现已不用，改用糖水青梅、海棠果、蜜枣、糯米饭、金橘饼等。绿豆汤之汤续的是冰镇薄荷水。

春卷。苏州人心心念念的春卷有三款。一款是荠菜肉末，一款是韭芽肉末，两款都是咸的，以"鲜""香"为特色。另一款是豆沙馅的，是微甜的，小青年更喜欢。三款春卷，便是老苏州最喜欢的味道。

牛肉锅贴

四

骆驼担，只是一个符号。它是姑苏小吃的代名词。姑苏小吃在全国是出了名的，从前集中在玄妙观，与南京夫子庙、上海豫园、长沙火宫殿齐名，并称为"中国四大小吃集市"，很遗憾，其他三个集市都还在，唯苏州玄妙观小吃现已不复存在。老苏州们期待"春风吹又生"。骆驼担小吃，同样讲究时令，"不时不食"，这正是苏州美食之灵魂。夏日，绿豆汤、煎馄饨；冬日，热糖粥、糖芋艿；快过年了，便有春卷、小圆子、紧酵馒头的隆重推出。

一

常有人搞不清厨师中的白案、红案是啥，我小时候也不懂，以为红案就是烧菜喜欢放酱油，白案就是烧菜不用酱油呢。后来搞明白了，烧菜的厨师都称红案，只有做点心的才称白案。

苏州的白案师傅心灵手巧，最经典的是做动物造型、蔬果造型的小点心，有刺猬、白鹅、熊猫；白菜、茄子、萝卜、慈姑、荸荠等，非常小巧，且都有馅心，动物造型者是咸味馅，蔬果造型的是甜味馅。最出名的是在游船上，故亦称船点。

苏州出了不少白案高手，老一辈的有吴涌根、朱阿兴、屈群根、奚亚英等，中一辈的有董嘉荣、高林根、汪成等。董嘉荣的徒弟是吕杰

大师的盲盒

民,《舌尖上的中国（二）》中拍摄的就是他。他又带了个徒弟，是个小姑娘。

二

汪成是苏州市内健在的、还每天下厨房的白案大师之一。他身体棒棒的，思维活跃，重要的是有一双灵巧的手。他长得有点胖，一件紫酱红色、绣有"中国烹饪大师"的工作服穿在身上有点紧。他儿子汪涛与他相像，也稍胖。父子俩一合计，就在十全街上开办一家点心店，取名"半月斋"，"半月"其实意为"胖"，正是一个"胖"字拆开。倒让我想起一个谜语："两个胖子"，谜底是合肥。

汪大师是新梅华·江南雅厨的点心总顾问。这几年，江南雅厨推出的园林元素小方糕、雪饺、系列拉糕等，都有汪大师的智慧。

三

苏州一直缺个吃早茶的好去处。二十年前，苏州会议中心在丰乐宫推出过早茶，引进广式早茶模式，就是服务员推辆小车在厅堂里穿梭，客人可随叫随停。车上有各种点心，还有凤爪、小排、毛豆等小菜，都加着热，任君挑选。每个桌上有一个大茶壶，一壶好茶。火热了好几年，后来不知为啥，就没了。这些年，苏州热的是一碗面。其实，苏州有特色的早点不光光是一碗面，汤包、烧卖、锅贴、小馄饨、糖粥、糕团系列，可以有几十种、上百种。假如用广式早茶模式，供应苏式为主的各种点心，我以为一定能红火。

山楂酥

我接到汪大师电话，请我到半月斋吃下午茶，而且有盲盒，这让我有点好奇，就约了时间去了。

客坐定，送上一盏香茗，一组盲盒点心。何谓盲盒，这是近几年新流行的玩法，简单说，就是用只改良版的提篮，把不同内容的美食、美点装在相同的盒子里。花相同的钱，得到的内容却是不一样的。比如十二生肖，装在相同盒子里，你每次去买，希望买到不同生肖，期待早日凑齐一套。但每次买，一般都不可能如愿，或重复，或重复又重复。越如此，购者求全的心思越强烈，于是，人们就来买、买、买。

大师的盲盒点心，其实并不盲，六道美食摆在一个明档的提盘里，但每位客人拿到的都会不一样。比如，那一天，我和朋友面对的竟是完全不同的内容，我拿到的是果仁酥饼、火腿萝卜丝饼、白玉方糕和葱油海蜇。我朋友面对的是菊花鱼、玫瑰拉糕、山楂酥、盐菜松饼。面对不同内容的盲盒茶点，大家相视一笑，于是动用公筷，将能分的茶点一分为二。有的只吃到半份不煞念，便可再单点一份，一次消费，本来只吃四样，如今吃到了八样，尝到了八种味道，挺有趣，也挺满足。也许有人会说，少了点。其实，茶点本就是小点心，用陆文夫先生的话来说，叫"搭搭味道"，足矣！这正是盲盒茶点的魅力所在：新鲜、新奇、有趣。而你今天得到的一份满足等下一次再来，又会被完全打破。

四

盲盒，是茶点形式上的创新。更重要的是，汪大师父子在茶点内容上的推陈出新。街头的萝卜丝饼，味道灵，但属油炸食品，汪大师将其改造成火腿萝卜丝酥饼。一口咬下去，萝卜丝还是那么汤露露，有了火腿末的加盟，味道变鲜了。山楂糕，苏州人喜欢，汪大师用山楂糕做馅，演变成一款酥包，那真是老少皆宜，不成爆款也难。做拉糕，是汪大师拿手活。大家只知道枣泥拉糕，半月斋里居然有玫瑰、南瓜、绿豆、百合等七八款。熏鱼，苏州人都喜欢；虾子鲞鱼，却因太咸，很多人都远离。汪大师将两者结合，做出一款虾子熏鱼。这样的创新改良版还有很多。我要了一份水牌单，共七大类。冷菜类有白斩鸡、盐水鸭、糟三样等，热菜类有清熘虾仁、菊花鱼、炸紫盖等，干点心有虾肉烧卖、白玉方糕等，湿点心有瘪嘴团、泡泡馄饨、糖粥等。"以点入菜类"有蟹粉捞馄饨等，中式甜品有滇红桃胶、南瓜小圆子等，茶食点心类有半月饼、果仁松饼等。七个大类近五十个品种。汪大师说，这是冬季版。苏州茶食也讲究"不时不食"。眼下，他们正准备推出包含青团子、酒酿饼等的春季版呢！挺让人期待的。

一

此物最江南

江南，鱼米之乡。所谓一方水土养一方人。江南人以米为主食，大米、糯米，是江南人的主食。稻米，不仅果了江南人的腹，且造就了江南人的性格，孕育了江南的文化。

苏州人爱食糕团，爱食糯米，就如同他们的性格，儒雅、温文尔雅；如同他们的说话，甜糯、吴侬软语。

大家都在说江南，江南不仅是苏州，它是长江以南不小的片区，古代为"八府一州"，即苏州府、松江府、常州府、镇江府、应天府（江宁）、杭州府、嘉兴府、湖州府和太仓州。

苏式汤团

二

江南人爱食糯米，最爱是汤团。汤团的优越性：方便！一锅水烧开，丢水里煮，十来分钟，就可装碗，不用任何调料，汤汤水水、热热乎乎，尤其是冬天。从前，苏州各个小菜场附近都有汤团铺。记得我小时候，放了寒假，常跟母亲上菜场。那时候，什么都紧张，什么都要凭票；猪肉票可以买猪肚，但东西少，要排队；豆制品票可以买黄豆芽，但每天限量，也要排队。凌晨四五点时，睡眼惺忪，拎个篮子上菜场，要等两三个小时，菜场四面穿风，那个冷啊，真叫饥寒交迫。但心甘情愿，因为大功告成后，母亲会有奖赏：躲进一家热腾腾的点心店，一碗小馄饨，两个汤团。肉汤团有点贵，我们一般吃豆沙汤团，二分钱一只。一碗小馄饨是七分钱。吃了点心，浑身发热，饥寒交迫已经被幸福美满填满。电影《你好，李焕英》为啥能这样红？就是讲了一个我们年轻时的故事，虽然也就三四十年，但现在的年轻人看了，恍若隔世。中国发展真是快！

三

2021年春节前，网上爆料，说有个上海阿姨逃票一百多次，就为到苏州吃汤团。有好事者还追溯说是去了木渎，又在木渎找汤团店。其实大可不必，上海阿姨逃票肯定是错的，但她为吃苏州汤团一定是真的。苏州有必要来整理一下苏州最美汤团，如何做得更美味。上海则可以考虑，开出上海阿姨在家门口就能吃到的江南汤团店。

苏州最美汤团在哪里？据我了解，大致有这样几款：朱新年汤团，一家开了三十二年的小店，传统水磨推粉，肉馅用了皮冻等。山塘街上的老店，口碑不错，但这两年开了不少连锁店，听说味道打点折扣了。园外园汤团，企业总部在常州，苏州有两家专卖店，汤团红遍江南。渭塘酒家大团子，那完全是江南农村做派，团子大，一只饭碗装一只，萝卜丝馅，妈妈的味道。凡在渭塘酒家用餐者，主食必点大团子。有时，客人还要买了生汤团带回家。太湖五色汤团，是光福渔港村的奉献，从前，渔民们只在冬至节做五彩团，在我再三劝说下，终于打通四季，科学包装，注册商标，在网上热卖。听说苏州还有鼎盛鲜汤团，还没尝过。

汤团最爱园外园。这是一家现代企业：园外园餐饮公司，秉承"传统与时尚、美味与健康"理念，做出了既传统又时尚的江南汤团。所谓传统，是指味道，特别是馅的味道。甜的两款：芝麻馅的，咬一口，馅就流出来；豆沙馅，炒馅时用了油，是肥嘟嘟的感觉。咸的有三款：荠菜肉末，荠菜鲜绿，是江南妈妈的味道；萝卜丝肉末，那萝卜用的是太湖萝卜，水露露的；纯肉馅，用了皮冻，满满的汤汁，让人欲罢不能。所谓时尚，是选用了泰国糯米，是一种特别糯、特别香的品种，水磨后确实比一般糯米更胜一筹。其次是机械揉粉，那一定比人工揉得更到位。有时候人们会迷信手工，其实，有了电器、有了电脑、有了现代机械，很多时候，现代设备远比手工的强！比如包汤团，每一只的馅都一样多，每一只汤团的皮子都一样薄，皮子要薄，又要薄得不露馅，人工做一只、十只可以，做一百、一千只呢？恐怕就不如机械了。当然，目前园外园汤团还是人工包的。

真好！园外园汤团。江南的汤团，妈妈的味道。

一

协和三宝

协和，苏州餐饮老字号。现任协和的掌门人姓姚，名国宪。姚老板说，是他外公阿爹创办的协和，当年开在葑门横街。老苏州们告诉我，当年的协和馆就在红板桥堍，店不大，生意不错。特别出名的是响油鳝糊。

刺啦一声响，一盆热气腾腾的响油鳝糊上了桌，老少皆宜，"味道灵格"。苏州的响油鳝糊，听的是声，品的是鲜，享的是趣。

苏州葑门横街，我称它是"苏州市井生活一条街"，都是门店，都是摊位，地上永远是湿漉漉的，卖鱼虾的、卖菱藕的、卖鸡头米的，都会把水溅在地上。其实，挺好的，这就叫烟火气、接地气，这就是苏州人的生活场景。

白什盆

七八十年前的葑门横街还要闹哄哄，有百货店、烟纸店、老虎灶、茶馆店、酱菜店、小饭店、糕团店，还有中药房。横街上，各类店铺应有尽有，出名的是四大行，就是柴行、鱼行、竹行、蔬菜行。其中有个八鲜鱼行最是出名。

1988年，姚国宪姐弟俩恢复了协和馆，名字中加了一个"菜"字。先是开在葑门，之后，凤凰街打造美食一条街时，协和菜馆就迁到了凤凰街，一晃也已二十多年了。

二

协和菜馆一直坚持做苏帮菜。关于苏帮菜，一直有争议，中国的八大菜系，或是四大菜系，确无苏帮菜一说。我和华永根老会长一直在用"苏州菜"这个概念。苏州菜属江苏菜，但一讲江苏菜，人们首先就说淮扬菜，于是有人说江苏人就是吃淮扬菜，其实不然，苏南与苏北，一江之隔，在餐饮上区别很大。我们说的苏州菜，其实就是江南菜。陆文夫先生曾开玩笑说，当年评选菜系时，有两家缺席，一是北京，二是苏州，所以历史上的菜系中既无"京"菜，也没"苏"菜。

苏州菜，有特点，独立于八大菜系之外，可以说是"鹤立鸡群"。苏州菜最大特点是时令，最大特色是精细。

协和菜馆一直坚持做好苏州菜，跟着季节，做好时令菜，做出了名气，做出了影响。不仅苏州食客，还有上海吃货，都是吃了多少年不变的回头客。

我经常会接到"去哪里吃"的问餐电话。若是接待外地宾朋，我一般推荐松鹤楼、得月楼；若是本地友聚，我会推荐新聚丰、协和

酱汁肉

菜馆。这两年，我也推荐江南雅厨、金海华、百盛人家等。

三

一家菜馆，要有当家菜、招牌菜、特色菜，协和的招牌菜是三宝：酱汁肉、腌笃鲜、白什盘。

酱汁肉。苏州人一年四块肉，春季是酱汁肉，夏季是荷叶粉蒸肉，秋季是扣肉，冬季是酱肉。春季，苏州有两颗美食信号弹，一红一绿，绿者青团子，红的便是酱汁肉。酱汁肉色泽红艳，用了红曲米。苏州酱鸭，也用此物。酱汁肉，有点甜，用了冰糖收汁。苏州菜肴之甜一定是建筑在微咸的基础之上的，"咸入口，甜收口"。烧酱汁肉，关键是火候。火工不到，皮不能入口即化，非成功也！火工太过，四角软塌，无精打采，难以惊艳，也不算成功。一盆酱汁肉，宜铺点金花菜打底，这便是苏州菜精美的体现，所谓"绿肥红瘦"，这菜便有了诗意，令人食欲大开。

腌笃鲜。首先需要"说文解字"。腌，咸肉，春节时腌的，大石头压过。腌个十天半月，出缸晒上三五日，新腌制的咸肉便开始静候春笋。鲜，新鲜猪肉，要带皮、蹄髈、猪脚爪最好。笃，吴语，文火煮食。烧腌笃鲜最好用砂锅。鲜肉、咸肉、竹笋，放在一起笃。汤水要一次加足，不要常去开盖加水。笃有技巧，旺火一刻钟转文火，起码三个小时。是否成功？看汤色，汤要清澈见底。要有耐心地笃，笃出肉之味、骨之胶，行话叫作"有骨子"。

白什盘。从前是厨师将切冷盆时的边角料合一起，炒成一盆菜。是厨子们自己享用的。特点是多种食材的混搭，自有奇妙的复合味。远不是一个"鲜"字所能概括得了的。久而久之，成了苏州特色菜。与白什盘对应的是红什盘，顾名思义，是各种带酱油烧制的菜品的边角料拼合而成。从前，喜宴后，大家把剩菜带回家。红归红，白归白，红者红什盘，白者白什盘。当然，这是从前，如今菜馆里做白什盘，早已不用边角料，而是精选食材。协和菜馆姚老板一口气推出：海参、干贝、虾仁、蹄筋、腰花、肫肝、火腿、肚子、蛋糕、鱼片。此时，白什盘，可以改名"白十盘"，寓意十全十美。

一

鱼跃餐桌

到江南水乡，自然最想品尝水产精灵。早春塘鳢鱼、太湖三白、小暑黄鳝、菜花甲鱼、"水八仙"、大闸蟹……林林总总。

水是江南魂。江南文化因水而生，因水升华。所谓"一方水土养一方人"，也育一方物、蕴一方文化。江南的地域特点是鱼米之乡，一条鱼、一粒米，便是江南的头等物产。

江南吴地。一个"吴"字，在苏州话中，与第一人称"唔"的读音十分接近。我曾戏称，江南吴文化可以说是鱼文化。再就是米，约六千年前，苏州草鞋山已有人工栽培水稻，可以说是中国乃至世界上最早的人工种植水稻基地之一。我又戏称，江南吴文化是稻作文化。一条鱼、一粒米，都离不开水，都是水生物，我便坚定地称：江南文化就是水文化。江南的水是灵动的。一片灵动的水，孕育出一座座灵动的城，培育出一代代灵动的人。

江南文化之魂，乃灵动也！

二

在苏州食鱼，最出名的是松鼠鳜鱼，"头尾高高翘，色泽逗人笑，形态似松鼠，挂卤吱吱叫"。最有故事的，自然是"莼鲈之思"。西晋时，有个吴江人叫张翰，他在洛阳为官。秋风起时，他思鱼心切，"秋风起兮木叶飞，吴江水兮鲈正肥"；他思乡心切，"三千里兮家未归，恨难禁兮仰天悲"。一跺脚，一挥手，辞官还乡了！还发出一番感慨，"人生贵得适意尔，何能羁宦数千里以要名爵"。从此，中国的成语词典里有了"莼鲈之思"一词，它也成了江南人思念家乡最经典的代名词。

每临吴江，必思莼鲈。而吴江宾馆，一直把"莼鲈之思"作为酒店的招牌菜、美食信号。古代的四鳃松江鲈鱼早已不见，近几年有了太湖花鲈，成了绝佳替身。取花鲈鱼，鱼丝、鱼片各半。莼菜与鱼丝为伴，冲入高汤，覆上鱼片。这一道按客上的羹菜，既能品到鱼丝入汤之鲜，又能尝到鱼片之味，更有碧绿莼菜相佐，实在是一道好看、好吃又令人难忘的鱼肴。

一道菜，因为有了故事，品尝起来就意味深长，仿佛举杯邀张翰，思古之幽情。

黄焖河鳗

三

江南一桌菜，鱼腥虾蟹必是主角。

在苏州做厨师，不会清熘虾仁，不会松鼠鳜鱼，是万万不行的。

吴江宾馆的总厨方利峰是做鱼肴的高手，鱼肴可以做几十道，春夏秋冬各不同。称得起是经典、让我留下深刻印象的，大致有如下三道：古法蒸鱼、黄焖河鳗、红烧甩水。

古法蒸鱼（白鱼、鲫鱼均可）。太湖有"三白"，领军者是白鱼。太湖退捕以来，白鱼依然有，据说是人工喂养的，也有人说是外湖的，味道大致相同。白鱼洗净、吸干水，最好暴腌一两个小时，这样鱼肉会成片状。在鱼身上斜开几刀，插入火腿片，用猪网油包裹好，葱姜酒相佐，即可上笼蒸。蒸鱼最要紧的是把握时间，不宜太久，蒸过了鱼肉会老。港厨蒸鱼是读秒的。江南古法蒸鱼也在改进，学的是广帮，在原来基础上，增加了一个细节，就是将蒸好的鱼，汤汁沥净，加入鲜酱油少许，淋上响油，吃口更妙。

黄焖河鳗。河鳗先要在清水中静养三日，每天换水，让其吐净土腥味。将鳗鱼切段又不完全断开，装盘时便可盘着，造型美观。烧此菜肴须加入红曲米粉少许，使得断开处有殷殷红色，色泽诱人。必须焖几分钟，冰糖收汁。我母亲说过，千烧不及一焖。黄焖河鳗讲究色、讲究形，要烧得酥烂、入口即化，软却又不失形。此肴老少皆宜。

红烧甩水。食材是青鱼之尾与鳍。青鱼，是淡水鱼族中的"航母"，身材高大，生性凶猛，生活在水之底层，以螺蛳、鱼虾为主食。青鱼的肉质最是鲜美。从前苏州人过年，家中必备青鱼一条，小的三五斤，大的七八斤。大青鱼到家，要分段、分部位处理，有的要用作爆鱼，有的要做鱼片、做鱼丸等，都有约定俗成的部位。鱼头一般是当天享用的，中间劈开，油里一煎，煮成一锅汤，加入粉皮或豆腐。而鱼尾、鱼鳍要凑合一起，做一道江南名菜——红烧甩水。做这道菜，技术含量并不高，就是红烧鱼的做法，浓油赤酱。食甩水有讲究，吃的是鱼尾、鱼鳍骨刺上裹着的一层膜，琼脂一般，十分肥厚。

红烧甩水

葑门横街觅美食

一

古城苏州，城门是重要标志。最初，苏州城门有六，俚语说："六城门兜兜蛮开心。"至民国，苏州至少有过十二座城门，分别是阊门、平门、齐门、娄门、相门、葑门、赤门、蛇门、盘门、胥门、新阊门、金门。

几乎每一座城门都有一条老街，每条老街都形成一个集市，便是当地最繁华处。岁月流逝，迄今为止，唯葑门老街还保留着当年繁华之景，这条老街叫横街，老苏州心头的一条暖心街。虽然早已是"旧貌变新颜"了，但吴门古风旧俗还在，民众生活的烟火气息还挺浓。石板街上永远是湿漉漉的，小摊摆满了小街两侧，吆喝声、叫卖声、讨价还价声此起彼伏，一浪一浪。葑门横街，就是一幅苏州人的生活画卷，就是一帧立体的姑苏市井生活图。懂生活、会过日子的老苏州们都希望保留、保护葑门横街，让定居苏州的人们可以经常来走走，体会"适意"生活的乐趣；游子归来，也可以在这里找到回家的感觉。

二

葑门横街，苏州百姓市井生活一条街。每次去逛横街，因为季节不同，都会有不同的收获：春天的时令野菜、太湖莼菜；夏日的莲蓬、鲜藕；秋时的红菱、鸡头米；冬季的水芹菜、油氽肉皮。而我每次去横街，必要觅得"三宝"：现氽慈姑片、活杀爆鱼、喜蛋（或咸鸭蛋）。按说，在苏州觅美食，得按时令，所谓"不时不食"。但如今现代社会，科技时代，电冰箱、人工栽培、恒温大棚，使得很多时令品种四季常青，这正是科技给百姓生活带来的福祉啊！

现氽慈姑片。慈姑，水生植物，苏州"水八仙"之一。水田里的慈姑植株很好看，叶片像蝴蝶，还有一对尖尖的燕尾。慈姑是冬季收获的，农民冒着严寒，赤脚踩在水田里，把长在植株根部的果实，一枚一枚摘下来。从前，葑门外都是水田，俗称"南荡"，出产的"水八仙"最有名，那里的慈姑，品种好、个头大、有点甜。冬天的慈姑，用来烧鸡、烧红烧肉最佳。慈姑切片炒大蒜，也是一道很江南的家常菜。慈姑的淀粉含量高，切成片后，通常要用清水冲洗一番，否则会影响口感。很多苏州人最喜欢的，还是油氽慈姑片，脆脆的、香香的，类似"电视小吃"——薯片，但慈姑片的味道自然要比薯片好很多。葑门横街蒋家桥边，有个专卖店，一年四季现氽慈姑片。慈姑切片，本是个技术活，现在改用机械了，电动切刀，切出的片一样厚薄，远比人工切片快十倍。慈姑片一定要经过水冲、晾干，才能入油锅。开大油锅，慈姑片在沸油中翻滚，只十五分钟，便可起锅滤油，不放任何调料，就可开卖。慈姑片热吃味道更美；带回家、冷食，佐酒最棒。

　　苏州人，咬着慈姑片，眼前是一幅幅的画，江南的"水八仙"、葑门外"赤脚荷花荡"……

慈姑片

爆鱼

活杀爆鱼。这是又一款也打通四季的美味美食。苏州人请一桌饭，冷盆必点爆鱼。吃汤面，也必点爆鱼，双浇面，指的就是焖肉加爆鱼，称"鱼肉双浇"。

爆鱼，大家也称"熏鱼"，其实不然。熏鱼和爆鱼，本是两回事，不能混为一谈。何谓"熏鱼"，关键是个"熏"字。从前苏州老字号叶受和、稻香村之类的糖果店有售。熏鱼是在爆鱼基础上增加一道程序，那就是烟熏。铁锅里放茶叶和红糖，上面放个铁丝网，爆鱼就放在网上。热锅将熏料化作阵阵青烟，热浪将湿漉漉的爆鱼熏干，也把那香气熏入了鱼身。熏鱼之美：鱼皮松脆，鱼肉芳香，吃口香脆。现在已不见熏鱼了，谁也不会去做那最后一道程序了。所以，应该把名字改过来，尊称"爆鱼"。葑门红板桥堍，有一家老摊头小店，主营就是活杀爆鱼，每天顾客排队，春节前，排队一千米。按规矩，做爆鱼必是大鱼，如青鱼或草鱼。活杀鱼切成片。顾客买好生鱼片，店家就将鱼片放进大油锅氽，氽好的鱼片再放入五香调料盆，浸一下便可。店家还奉送一小袋调料，回家后可以加热后浇入鱼片，吃口更入味。小店是明档，杀鱼、开片、氽鱼片、浸调料，一切都在顾客眼前操作，这"新鲜"二字便也清清楚楚写在喷香鲜美的爆鱼上了。

三

莽门附近从前有个孵坊，"文革"中被一把火烧了。但横街上卖喜蛋之风始终未绝，一直是一道风景。所谓"喜蛋"，是禽蛋在孵化成禽的过程中失败了的蛋，有浑蛋、半喜、全喜之分。烧法相当于烧茶叶蛋。小煤炉，大铁锅，锅中有个栏，一半是茶叶蛋，一半是各种喜蛋。苏州时髦女郎最爱食喜蛋，也不懂为什么。我不食喜蛋，去横街只为寻觅另一款蛋，那就是青壳咸鸭蛋。小门店，就在红板桥南堍，与爆鱼店隔河相望，一位姓张的吴江人总在那里做咸鸭蛋，味道与众不同，我称是苏州最美咸鸭蛋。

咸鸭蛋

姑苏小吃两朵花

一

苏州是美食天堂，民间小吃灿若繁花。糕团类，最经典的是青团子、松花团、炒肉团、双馅团、方糕、定胜糕、蜜糕、拉糕、猪油年糕、糖年糕等；饼馒类的，经典的有菜馒头、小笼包、绉纱汤包、生煎馒头等；羹类的有酒酿圆子、鸡头米、糖粥、莲心羹等；烘烤类的有蟹壳黄、梅花糕、海棠糕等。我把梅花糕、海棠糕放在了烘烤食品中，但平心而论，它们和其他的烘烤食品完全不同，是糕又不是蒸出来的，是饼又不是完全烤出来的，真是独特！我称它们是"姑苏小吃两朵花"。

两朵独特的美食小花，江南人最爱的两朵花。

梅花糕

二

　　梅花糕、海棠糕，有历史，有故事。从前，梅花糕和海棠糕是一
回事。当时有竹枝词云："绣带盈盈隔座香，新裁谜语费商量。海棠
饼好侬亲裹，寄与郎知侬断肠。"到了清代海棠糕与梅花糕已分离，
成为各自独立的两朵小花。

海棠糕

三

在中国吉祥文化中，梅花、海棠历来为人赞颂，图案为人首选。梅花，"江南早春第一花"，倔强、挺拔，最具中国精神。梅开五福，表意祝福。中国画家常画梅花，表达内心感受。海棠，高而不贵，雅也不媚。家庭小园植树栽花，通常选用玉兰、桂花、海棠等，真正的寓意是"玉堂（海棠）富贵（桂花）"。中国画家常作此画，表达对朋友的祝福。"苏作"工匠们也爱用海棠、梅花构图，比如漏窗、花窗、铺地，最常见的便是这美美的两朵花，如冰梅窗棂、海棠窗格等。由此可见，姑苏小吃梅花糕、海棠糕的诞生，或许也是由苏州文人参与设计的。江南文人的一个重要特征就是参与性强，把优秀的文化思想渗透进作品的方方面面。

四

陈老大本名巧文，做梅花糕、海棠糕已是第五代了，他做出的两朵花堪称"姑苏之最"。他的店从前开在玄妙观广场，那里是全国有名的小吃集市，后来陈老大在山塘街、南浩街也都做过。现在的店铺在人民商场走道的一角，颇有点凄凉。但还是得感谢商场领导，优价给了他这一角。

梅花糕、海棠糕生存艰难。小年轻说太甜、太油，红绿丝有色素；年纪大的说太贵了，说从前我们只花几毛钱，现在怎么卖七元，摇摇头走了。怎么办？"姑苏两朵花"需要改进、提升、包装、升级，要向那些"网红食品"学学套路，我建议他们可以就此讨论传统美食的升级问题，但魂不能丢，本不能忘。

　　梅花糕好看、好玩、好吃。在一个铜铸的、有一定深度、下窄上宽、梅花形的模子里，灌下面糊，加入豆沙馅，面糊上撒上果料和白糖，点燃熊熊火焰精心烤制。十几分钟后，用利刃将糕与模子分离，用铜签把梅花糕从模子中钳出，一次可做六只。你拿到的梅花糕，下部是硬脆的，模样像块肉骨头，却是有棱有角，梅花造型。上部是松软的、五彩的，就像是来自香雪海的一朵梅花。梅花糕的口感是丰富的：香、脆、糯、甜。陈老大说，梅花糕能吃个饱。那么，海棠糕呢？陈老大说，"吃南北货"，意思就是吃种类丰富的蜜饯。海棠糕造型与梅花糕不同，梅花糕是立体的、三维的，海棠糕就是平面的、扁平的，看似圆圆的、五彩的一块饼，其实有微微棱角，就像是漂在水面上的一朵海棠花。海棠糕也有豆沙馅，面饼果料比梅花糕丰富得多，曾经为"十样景"，现在减少一二，为"八珍"，分别是：瓜仁、红绿丝、芝麻、白糖、红枣、蜜饯、金橘、松仁。减去的"二珍"是桃肉、桂圆肉（成本太高）。听陈老大的意思，梅花糕是蓝领劳动者吃的，海棠糕是白领小姐品的。

　　我是带着拯救的心情去寻觅、采访"苏州两朵花"的，但愿这"两朵花"不要在我们这个时代消失。它们已近濒危。

订座松鹤楼（上）

一

　　有朋自远方来，抑或是游子归来，苏州人尽地主之谊，设宴接风，首选必是松鹤楼。

　　松鹤楼为全国四大美食名店，与北京全聚德、扬州富春花园、杭州楼外楼齐名。松鹤楼的金字招牌后接着四个字："乾隆始创。"据说，乾隆四十五年（1780），苏州面业公所重建立碑，石碑上资助商家名录中就有松鹤楼。那么，苏州松鹤楼该有二百四十多年历史了。至于乾隆帝是否真到过松鹤楼，只是民间传说。一说是吃了咸菜豆瓣（塘鳢鱼的"耳光肉"）汤，一说是为乌龙肉（黑鱼肉）菜名不雅而刁难店家，等等。终是巷谈，不足为证。但有一点是真实的，滑稽戏《满意不满意》确是根据松鹤楼原型创作的。剧作家创作剧本、演员体验生活都是在松鹤楼。当时苏州也并没有得月楼菜馆，得月楼是先有戏后有店的。因为苏州人会动脑筋啊！彼时，很多外地人看了电影、看了戏，就来到苏州找得月楼，苏州便趁势而上，建了得月楼菜馆。

二

百年名店松鹤楼，一路走来不容易，有体制与机制变动等因素，但无论何时，松鹤楼的菜肴、环境、服务始终是一流的，在江南人心目中的金字招牌始终是锃亮的。

订座松鹤楼，首先要点菜。在其他菜馆，你能摸着厚厚菜单翻看图片，和服务员聊一聊，诸如，贵店招牌菜是什么，厨师的推荐菜是什么，今天的时令菜是什么，等等。而这一切，在松鹤楼都属多余。为啥？松鹤楼的经典名菜，食客可谓耳熟能详，非点不可的太多了。

清熘虾仁。苏州人请客，冷菜过后第一道必是虾仁。在苏州人的语境中，虾仁等于欢迎，多么美好啊！我说过，在苏州当厨师，第一要务是学会炒虾仁。炒虾仁很简单吗？虾仁原料要好，要新鲜、齐整，要手剥。浆要到位，用蛋清、淀粉拌匀后用手捏，再存冰箱，收紧虾肉。八十度温油翻炒，不宜洒黄酒。虾仁是玉色即可。说说简单，炒好不易。要炒到松鹤楼的虾仁水平更难。松鹤楼的清熘虾仁，色泽如玉，油性似玉，而不是煞白的颜色。吃口也鲜美，肉质Q弹。苏州人吃虾，蘸一点镇江香醋，便是吃螃蟹的感觉。

松鼠鳜鱼。以"苏州第一名菜"而享誉海内外。与炒虾仁一样，

清熘虾仁

苏州众多菜馆都有松鼠鳜鱼可点，但唯松鹤楼的这条鱼做得地道，名声最响。每次去品，都能不负众望，众口称赞。这条鱼的做法也不难，将鳜鱼身上两边肉剖下，反向半割成粒状，反贴在鱼身上，大油锅过一下，上盆时，将头、尾做成造型，淋上酸甜、亮眼的番茄酱。盆花是几粒葡萄，嘴巴里还可衔一粒红果。说简单，做好难，油汆的温度、渍鱼的味道、番茄汁的酸甜度等等都很微妙。擅长此菜的代表人物是中国烹饪大师刘学家先生。

松鼠鳜鱼

响油鳝糊。这道经典菜肴妙在一个"响"字。响者，声响！菜肴有了声响，这菜肴便有趣，便生动。曾经去松鹤楼某分店，点了响油鳝糊，服务员端上来时却没有一点动静，那就应该改名"静油鳝糊"了。我也和松鹤楼的相关人士做过多次讨论，做了改进。其实，菜不响的原因是厨房离餐桌较远，跑堂的过程，油已冷却，便不响。改进方法，将热油灌进一小壶，上桌时，当着食客的面，迅速将热油浇上菜肴。鳝糊面上的葱花、姜丝与热油碰撞，发出"刺啦"一声响，十分悦耳。我写过一本小书叫《餐饮实用宝典》，十章，分别是色、香、味、形、器、趣、声、名、境、养。其中有个"声"字篇，讲的就是美食之声，有声响的佳肴实在也不多，松鹤楼的响油鳝糊一直是坚持做到了让天下食客品尝到苏州菜肴之趣。

苏州菜肴讲究时令。初夏时节，松鹤楼副总兼行政总厨杨宏发给我的菜单如下。冷菜类：菌菇烧鸡、烤竹笋、卤鸭、糖醋小排、凉拌芥蓝、苏帮熏鱼、脆骨凤爪、色拉。热菜类：松鼠鳜鱼、响油鳝糊、清熘虾仁、樱桃肉、烤牛肉、田螺面筋塞肉、鸡头米甜豆、紫砂红烧肉。汤羹类：莼菜银鱼羹、鸭血老鹅汤、松茸炖鲜鲍、太湖白鱼羹。点心类：生煎包、枣泥拉糕、苏式汤面。

不放蒜叶　免青　多放蒜叶　重青　湯少面多　緊湯　湯多面少　寬湯

苏州食册
苏美手

二十四

订座松鹤楼（下）

轻面重浇

免青宽汤

硬面一穿头

浇头摆个渡

硬面

烂面

拌面

汤面

"水牌"

一

苏州松鹤楼，可以称"苏州第一食府"，或许也可以称"江南第一食府"吧！

历史长：乾隆始创。据说乾隆皇帝曾亲临松鹤楼。名菜多：清熘虾仁、松鼠鳜鱼、响油鳝糊……耳熟能详的能说出一长串。这些菜代表苏州，代表江南；名声响：说到苏州，国人谁人不知松鹤楼？

松鹤楼，几代餐饮人用心血打造的一块金字招牌。

二

很少有人知道，松鹤楼菜馆的前身只是一家面馆。

清乾隆二十二年（1757），苏州面业公所成立。据说二十多年后，公所重建，立了石碑，无非是刻上捐助者名字，而其中就有松鹤楼的名字。那是乾隆四十五年（1780）的事。

清光绪二十八年（1902），一向经营面点的松鹤楼扩大为面菜馆。民国年间，松鹤楼大放异彩，当时的一些重大活动、名人光临苏州，主人一般都安排在松鹤楼接风宴请。新中国成立后，松鹤楼再接再厉，发奋努力，创制了一大批经典名菜，享誉大江南北。这时候，松鹤楼已把个"面"字去掉，金字招牌是"松鹤楼菜馆"。但一直保持了夏季推出一碗面的做法，那就是大名鼎鼎的卤鸭面。记得上世纪60年代，难得去趟观前街，走过观振兴，见时令招牌写的是枫镇大面；走过松鹤楼，门口招牌写的便是卤鸭面。

三

2003年，松鹤楼改制，广大集团掌管。在广大集团掌管的十五年间，松鹤楼在全国开了分号。记得有一次我去南京出差，就在南京的松鹤楼品尝过佳肴。这期间，松鹤楼的菜品质量有了提高，经典菜肴的质量不仅稳定，还标准化了，不管是哪里的松鹤楼，清熘虾仁都一样嫩，松鼠鳜鱼都一样美。

2018年，松鹤楼由豫园集团接管，豫园高层十分重视江南饮食文化，尽管也出过"松鹤楼惊现辣川菜"的小插曲，但总体上松鹤楼

卤鸭

菜品保持了苏州味道。值得一说的是，2018 年后的松鹤楼开始做苏式汤面，在苏州太监弄开出第一家松鹤面馆，经过总结提炼，形成模式，迅速向周边城市延伸，短短两年，又在上海、浙江、北京、深圳和江苏省内，开出松鹤面馆三十多家。听上海朋友说，豫园商城的松鹤面馆天天生意火爆，地方不大，仅三十三张桌子（两百多个位子），最多时一天卖出一千零五十九碗面！

松鹤楼恢复祖业，菜馆、面馆，并蒂双莲！

<h2 style="text-align:center">四</h2>

松鹤面馆完全传承了苏式汤面之优，在明档上方，挂有一块长长的木板，上面挂有一块块小木牌。从前都是竹刻的，称"水牌"。上面的文字很有趣，不妨录之：红两鲜末两两碗、轻面重浇、免青宽汤、硬面一穿头、浇头摆个渡、过桥、硬面、烂面、拌面、汤面、免红、宽汤、紧汤、免青、重青、重面轻浇……从前，苏州面馆里的跑堂都会吆喝，就是把这些文字唱出来，其实是把客人的要求传达给厨房，也成了旧时苏州面馆的一道风景。

目前，松鹤楼面馆日常供应三款面：红汤、白汤、拌面。研发出的面浇头有一百零五款，根据时令，日常供应三十多款，卤鸭是网红第一爆款。

真好，松鹤楼面馆卤鸭面。

一

以一粒虾子的名义

三虾宴，对我来说，一年等一回，很值得期待，又令人回味，还令人难忘。有五年了吧！始创者是苏州美食旗手、原苏州市商业局领导、现苏州烹饪协会总顾问华永根先生。操刀者是苏州新聚丰菜馆老总朱龙祥先生。一年一度三虾宴，年年相聚新聚丰。就一桌，二十来个位子，苏州的一些知名吃客、记者，还有几位顶级大厨都会参与。每次，圈内都戏称"两叶一花一桃"必到，"两叶"是我和叶放；"一花"是华永根，"华"通"花"；"一桃"便是陶文瑜。如今，陶文瑜走了，三虾宴少了点笑声。文瑜就是我们三虾宴的开心果，他真是江南才子，文章好，字画好，还会"说死话"。他走了，想起就心痛。

二

三虾，虾子、虾脑、虾仁。大约在小满左右，河虾开始抱卵，就是雌虾有虾子、有脑了。此时，苏州头道菜——清熘虾仁变身为清风三虾。清风者，鲜荷叶也！

买回来的带籽虾先冲洗，必要时用牙刷洗，把虾子洗出。拆过虾仁后，将虾壳煮一下，剥出虾脑。虾脑一定要虾煮熟后才现，才剥得出。江南哪里都有河虾，初夏的雌河虾都有虾子和虾脑，唯有苏州人会把这微小如芥子的虾子无限放大，使其成为时令菜肴之主角，演绎成清风三虾、虾子酱油、三虾面、虾子鲞鱼等。也唯有朱龙祥这样的苏州大厨，能把一粒小小的虾子做成一桌菜。那是源自苏州人骨子里的精致、极致的做派，可以称作"工匠精神"。

三

年年三虾宴，岁岁有不同。同者，传承，守住传统苏州菜之魂；不同者，创新。

2021年新聚丰三虾宴菜单如下：

冷菜：虾子糟鹅、虾子白肉、虾子皮蛋、熏正塘、虾子油条、白斩鸡、虾子白鱼、油爆子虾、虾子萝卜丝、虾子茭白。

热菜：清风三虾、玛瑙塘片、三虾鳜鱼丝、红烧元菜、三虾狮子头、红烧正塘、虾卤爆鳝、三虾一品锅、蒜泥米苋、扁尖丝瓜。

点心：三虾烧卖、三虾拌面。

冷菜中的虾子葱油萝卜丝最为亮眼，雪白、水露露的萝卜丝，

虾子油条

虾子葱油萝卜丝

洒上星星点点的虾子，不仅悦目，而且增鲜。虾子白鱼最鲜美，从前苏州出名的是虾子鲞鱼，太咸太咸，如今用鲜白鱼做，有传统风味，但少了咸，多了鲜，真是美好。虾子油条最抢手，刚出锅的热油条，蘸了虾子酱油，那味道可以用"打耳光不放"来形容。一大盆油条，餐桌转两圈，已是光盘。

热菜中有几道为 2021 年龙祥大师创新之作。

玛瑙塘片。底子是糟熘塘片，这是新聚丰王牌特色菜。塘者，塘鳢鱼也！用小小塘鳢鱼身上两片肉，做成一盆菜，你说有多珍贵！加了糟卤，喷香鲜美。这次，在雪白的鱼片中还加入了虾子与虾脑，恰如雪地红梅。菜名也好，玛瑙塘片。

三虾鳜鱼丝。新聚丰出名的是祥龙鳜鱼，得过全国烹饪比赛金奖，也是苏州以厨师名字命名的一道名菜。在新聚丰，我还品过古

虾子茭白

法鳜鱼、糖醋鳜鱼、红烧鳜鱼、猛虎下山等。这次，朱大师将鳜鱼
以鱼丝呈现。上盆还是整条鳜鱼，头尾高高翘，身上的鱼肉都成了
丝状的盔甲，作为点题，鱼丝中皆有三虾相伴，自然是鲜上添鲜，
美美与共。

三虾狮子头。狮子头是大肉圆的美称。中国菜系中，淮扬菜中的
狮子头最出名。白煮，各客。三虾宴上出现的狮子头，可以用"惊
现"二字，大得出奇，一盘仅两个，每个如小足球，估算一下，一个
用料五六百克，是大厨自己斩的肉，肥瘦恰当，粗细恰当。做肉圆的
斩肉，易粗不易细，斩肉中加入马蹄碎和三虾。红烧，上桌所见的是
浓油赤酱、油光闪闪，令人垂涎。

虾卤爆鳝，也有新意。

三虾宴，难说再见。

一

苏州人爱食糕团，形成了吴语特征，形成了人之特性，那就是"糯"。吴侬软语美在糯，苏州人为人处世也是一个糯。

江南为鱼米之乡，最大物产是鱼和米。米啊，吴地人约六千年前就在苏州草鞋山种水稻，生产米。中华几千年文化，其根脉便是稻作文化、农耕文化。勤劳智慧的江南人种着稻、吃着米，从荒蛮走向文明。米，是江南人的命根子，有道是：手中有粮，万事不慌。

江南人爱稻米，不仅一日三餐的主食是它，还演绎出一系列时令糕团，据"江南糕团大王"黄天源公司陈总介绍，目前有记录的糕团品种有两百余款。

夏日糕团

二

"不时不食"，苏州人吃讲时令，不仅体现在菜肴上，而且体现在糕团上。我请黄天源陈总列出这样一份四季糕团的清单。

春季：青团子、斗糕（有赤豆、玫瑰、薄荷、枣泥、百果、蛋黄、桂花、豆沙等口味）、蛋黄松糕、百果蜜糕、行糕、甜糕（三色）、神仙糕、定胜糕、小圆松（有豆沙、百果、三色、薄荷、玫瑰等口味）、大方糕（有豆沙、荠菜等口味）、桃团。

各色糕团

夏季：炒肉馅团、粢毛团（有豆沙、玫瑰、鲜肉等口味）、菜肉团、松花团、双馅团、芝麻团、椰丝团、油氽团、煎团、糖切糕、赤豆糕、绿豆糕、马蹄糕（有桂花、薄荷等口味）、咸猪油糕、条头糕、千层糕、花糕、鲜肉团、麻酥团、粢饭糕（有砂糖、麻酥、玫瑰等口味）、米蜂糕（有豆沙、鸡蛋等口味）、卷糕、凉糕（有莲子、鲜奶、绿豆、糯米等口味）、油氽麻团。

秋季：粢饭糕（有砂糖、麻酥等口味）、卷心糕、黄千糕、麻条糕、桂花糕、南瓜团、夹沙松糕（卷条糕）、卷夹糕、夹糕（有芝麻、枣泥等口味）、素油咸糕、重阳糕、枣泥团、大方糕（有百果、玫瑰、豆沙等口味）、糖切糕、九层糕、条头糕、荤麻糕、鲜肉咸糕、夹糕（有桃仁、豆沙、玫瑰等口味）。

冬季：麻酥馅团、小扁团（有玫瑰、薄荷、白糖等口味）、大扁团（有黄糖、蛋黄等口味）、小圆松、油氽条糕、蒸松糕、黄松糕、白松糕、豇豆糕、素油甜糕、火腿咸糕、枣泥拉糕、年糕（有白糖、黄糖等口味）、猪油年糕（有玫瑰、薄荷、桂花等口味）、豆沙团。

三

入夏后，对糕团的第一期待是松花团，苏州横泾、越溪一带最为流行。大晴天，上山剪几枝开花的松枝，回家放匾里晒、轻轻拍，取得松花粉。做松花团是用揉透蒸熟的米粉，包入白糖麻酥，拍拍扁，撒满松花即可。说说容易，会做的人并不多，年轻人都说学不会。毕竟粉烫啊，难上手；既要捏得匀，还不能露馅。但松花团美，松花滑爽、凉爽，有淡淡的香。从前，就那么几天，松花团如汛。现在，店家收集、储存松花粉，可以吃一个夏季，苏州明月楼就如此。

炒肉馅团，是一年糕团能形成的"四大冲击潮"之一（青团、炒肉团、方糕、年糕）。苏州人每年要去排队买糕团，也就是炒肉馅团子。

苏州的炒肉馅团有三大特点：第一是熟粉制；第二是开口制，团子包好后，小嘴还是张着，团子装进盒里，犹如一群嗷嗷待哺的小鸟，煞是可爱；第三是灌汤里，团子包好后，汤从开口处灌入。炒肉团的馅是两荤四素（肉糜、虾仁、金针菜、木耳、扁尖、笋），那是一种复合型的鲜美，苏州的味道、江南的味道。为啥一定要排队？因为是现包的，速度再快也满足不了食客的需求，而且，现在的人派头大，一买就是几十只，还有代购的，一买上百只。没关系！只能耐心等，一年等一回，排排队，花点时间也值得，毕竟那是江南糕团之皇后。

炒肉馅团，我最爱明月楼。店在小巷深处。

双馅团是苏州糕团一绝，江南人手巧啊！把两种馅包在一个团子里。外国人是怎么也理解不了的。豆沙馅、麻酥馅，两馅合一团。其实很简单，先包一只芝麻小团子，再包一只豆沙大团子，小团装进大团里，两团合一团，宛如袋鼠，可爱的小袋鼠在妈妈胸前袋里探头探脑。

夏日食糕，以薄荷系列为主，咬一口美美的薄荷糕，让人步入清凉世界！

双馅团

一

夏风『六月黄』

国学大师章太炎，浙江余杭人，按他的学识水平，完全可以去京城任职，或是在浙江省城传教，他却为啥偏偏选在苏州定居？

其实是与他夫人有关。章太炎夫人汤国梨，浙江桐乡乌镇人，她完全可以随夫定居北京或是杭州，可她独选苏州，为什么？诗人汤国梨用她的诗句作答：不是洋澄湖蟹好，人生何必住苏州？

我以一个苏州人的心态揣摩这句话，"洋（阳）澄湖蟹"只是一个符号，它所包含的应该有太湖三白、"水八仙"、碧螺春、枇杷、杨梅……还应该包含园林、小巷、昆曲、评弹、苏绣……天堂苏州美，可不是空穴来风；美在

"六月黄"

苏州，从来不是空对空。苏州之美，有无穷内容，有无尽符号，阳澄湖大闸蟹只是这无穷、无尽的一个点，一个符号。

二

苏州人都知道"西风起，蟹脚痒"，似乎只是秋风中才食蟹。其实不然，在阳澄湖周边，如相城区的澄林路，各种酒店、饭馆、农家乐，不下几百家。从夏到秋天天有蟹吃，天南海北的玩家、吃货赶到阳澄湖边食蟹，绝不仅仅在西风里。

有一种蟹叫"六月黄"，其实它就是青年大闸蟹，学名同样叫作中华绒螯蟹。"六月黄"是提前发育、成熟的大闸蟹。大闸蟹的一生要经过十八次脱壳，"六月黄"已经完成了这些经历。因此，它绝不是童子蟹，也不是没有发育的蟹。当你打开"六月黄"，可以看到丰满的蟹黄、蟹膏，品到结实的蟹腿肉时，便可感知。这些提前发育成熟的大闸蟹，要及时捕捉，供应餐桌，其实这也是对"六月黄"蟹的尊重，是"六月黄"最好的归途。

大闸蟹名称的由来，是螃蟹成熟后翻过水闸而得名。现在都是围网养殖，螃蟹成熟后就一只一只爬上围网。"六月黄"是已成熟的螃蟹，夏风里，一只一只爬上围网，这倒是一幅挺美的画面。而"西风起"才脚痒的大闸蟹们，此时正在湖底，觅食并打磨如玉的白肚，等待又一次的脱壳……

三

苏州人食"六月黄",历来就是烧两款:面拖"六月黄"、油酱"六月黄"。面拖者,加入面糊,加入毛豆子,绿肥红瘦,碧绿的毛豆子与通红的"六月黄"相映成趣,增色也增鲜。食客都喜欢食那面糊,螃蟹的鲜味都到了面糊里,食一匙面糊,一口吃到了阳澄湖的蟹味。油酱者,最简单,将"六月黄"一切两爿,油里一煎,放酱油烧即可。没什么技术含量。

在相城的在水一方大酒店,在总厨马守奎的勺下,"六月黄"便演绎出了一款又一款的精彩!

酒醉"六月黄"。"六月黄"个头小,是很适合做醉蟹的。苏州人从前爱生醉,现在则一般改为熟醉。尝美食,不能忘了食品安全。性命攸关,生食毕竟有点风险。熟醉好!好的配料,浸入"六月黄"体内,熟的膏、黄,吃着真香。

鲜莼秃黄油。何谓秃黄油?就是螃蟹的膏和黄合一起,油里一煸即成。在上海,据说一碗秃黄油汤面,要卖四五百元呢!有点过分!马大厨则将一碟珍贵的"六月黄"秃黄油轻轻滑入太湖莼菜羹里。莼菜,"水八仙"之一,我称它是"水中的碧螺"。"在水一方"觅得的莼菜完全是一斩齐的嫩芽,这种鲜莼,在我的家乡东山,人称"梭子头"。

阳澄一锅鲜。取"六月黄"与阳澄八鲜(青虾、鳝筒、鱼头、杂鱼种种)之数鲜,同煮一锅汤。要花功夫笃,汤水如乳,浓浓的,只喝一口,就让你醉。我想如能加入几根羊骨头,或许会更鲜美。当年,潘祖荫在北京做"潘鱼",就是羊肉汤里煮青鱼。主要是喝汤。

油酱蟹"两面黄"。其实，我觉得改为蟹粉"两面黄"更好。吃面时去剥蟹，终究不太方便。假如改为蟹粉呢？一盘煎得金黄的"两面黄"，上面撒一层蟹粉（蟹肉、蟹黄、蟹膏合一起，油里煸炒），感觉一定更好。喷香的面遇见鲜美的蟹粉，仿佛才子配佳人。

还有更多"六月黄"菜肴，可称精彩纷呈。在水一方大酒店完全可以推出"六月黄"宴！

又：写完此文不久，接到一个邀请，也是相城区阳澄湖边，鱼米之乡十八灶酒家，苏州烹饪大师张子平和他的弟子们隆重推出"六月黄"美食节。在开节的汇报展上，张氏师门共推出以"六月黄"为原料的四十五道菜肴，我只能用八个字作评价：精美绝伦，饕餮盛宴。

吕大师的船点

一

苏州餐饮百花苑里，有一枝奇葩，它叫船菜、船点。菜和点自然是两个不同的概念，但同属于"船"，因此，也可称一枝并蒂莲。船菜、船点都出自船娘之手，这种船称花船、灯船，现在则称游船。从前的船娘很能干，既是摇船高手，又能烧一桌好菜，做出的菜肴、点心还不一般。叶圣陶曾写过船菜，"船菜所以好就在于只准备一席，小镬小锅，做一样是一样，汤水不混合，材料不马虎"。史载，苏州船菜，正菜有三十余道，各有雅名，如：珠圆玉润、满天星斗、红粉佳人、江南一品等。冷盆也赞，有鳌松卷、牌南、虾卤鸡、胭脂鸭等。

苏州船点也是品种繁多，多以小动物、小

苏式船点

蔬果造型为特色。小动物均用咸味荤腥做馅心,有肉松、蛋黄、鸭脯、鸡茸等;蔬果类则为甜味馅心,有豆类、薯类、花类等。

我在一本书里读到说一位老先生品尝过的"四粉、四面、两甜点"。粉是米粉,四粉是玫瑰松子石榴糕、薄荷枣泥蟠桃糕、鸡丝鸽团、桂花糖佛手。可以想象,红的石榴、绿的蟠桃、白的鸽蛋、金的佛手,色彩与造型是何等出彩!四面是蟹粉小烧卖、虾仁小春卷、眉毛酥、水晶球酥,都以小为特长,细气、文气。两道甜点是银耳羹、杏露莲子羹。这可以称是当时的标配。

二

花船之风,民国尤盛。清明、荷花生日、中秋,三大苏州的节庆活动,山塘街等租船点竟是一船难求。抗战爆发,花船匿迹,苏州船菜、船点风光不再,摇身一变,进了苏州菜馆、酒馆,倒也丰富了苏州菜的内容。20世纪70年代,苏州接待过西哈努克、基辛格等重要外宾,启用船菜、船点,两者再次惊艳面世。从此,苏州在接待重要贵宾时,常常用船点,这也成为苏州宴的点睛之笔。

在苏州,船点做得最好的是朱阿兴师傅,朱大师的得意弟子是得月楼的董嘉荣,董嘉荣带出了吕杰民,目前在太监弄还有专门的吕大师船点展示专柜。吕大师也收徒,曾经收过一个女徒弟,在《舌尖上的中国(二)》中有为时不短的镜头。这下子,吕大师和这位女弟子都出了名。

三

吕杰民的船点技艺可以说是炉火纯青，他做船点大致有以下特点。

逼真。他擅于做小动物，小鸡、白鹅、兔子，那真是惟妙惟肖。请他做一群小鸡，各有各的造型：有的扑腾小翅膀，有的捉虫；有的气宇轩昂，有的闲庭信步——个个呼之欲出啊！

"水八仙"船点

鲜亮。他非常重视用色，每一种色都用得如此精准。荸荠的色彩是有专门称谓的，就叫荸荠色，是很难调准确的，而吕大师做的船点荸荠就几近乱真，把它和几只真荸荠放一起，很难分辨。他做的茄子，那紫色的变化，看着令人钦佩。我忽然明白，他是厨师，每天接触这些蔬果，每天注意观察，自然就能水到渠成，这又让我想起他的师傅董嘉荣到动物园观察动物的故事。

创意。吕大师不仅做好了船点擅长表现的题材，而且开发了许多前辈没能触及的动物与蔬果，比如"水八仙"。慈姑、荸荠、莲藕、红菱，这些还是比较好表现的，但水芹、鸡头米、茭白、莼菜，就很难做好。吕大师做成功了，他要展示苏州风物、江南文化。

精细。看吕大师做船点，真叫神速，那是源自他的娴熟。事实上，他每一件作品都充满了细节，和苏作工艺品一样，特点就是精细雅洁。他一分钟做一只刺猬，就这一分钟里，他一共剪了两百剪。

满庭芳早茶

一

　　早茶，对于大多数苏州人来说，还是比较陌生的。从前，苏州的劳动人民家庭，早上都吃粥，食萝卜干过粥，礼拜天一般会增加油条。早起要急着赶上班的，一般是在路上买一副大饼油条；条件较好、且有空闲者，早起上面馆吃头汤面，礼拜天可能会增加一客汤包。这些，充其量叫早餐、早点，还真够不着叫早茶。

　　早茶在广东、香港和江苏扬州较为流行。在粤港地区，早起约早茶是件很隆重的事，各种精美点心和卤菜随一辆小车推送到每张桌旁，每桌上的一壶茶永远是主角。扬州的早茶有点像早宴了，富春、冶春，两家最有名。有几次，我在扬州见识过，满满一桌，简直像满汉全席

荠菜汤团

啊！点心、菜肴摆满了桌，听说还会不断上呢！东西是好吃，但毕竟胃的容量也有限。其实，热情过度就成浪费了。

二

十多年前，苏州也有过早茶热，大众化的在会议中心，精品化的在相门顾亭酒家。印象深的是会议中心丰乐宫，场子大、桌位多。引进的是广式早茶，不仅是模式（推车服务）照搬，而且内容很地道（大部分为粤式点心和卤菜），一壶茶也有多种选择，既有大红袍、铁观音，也有江南碧螺春、龙井。苏州早茶形成过小小风潮，不知为啥，热了四五年，就偃旗息鼓了。想一想，原因有三：其一，一花独放难成春。其二，一大批点心师要上早班，很辛苦，商家成本高。小点心卖不了高价，商家利润低，难以坚持。其三，小点心变化不大，永远"老三件"，回头客越来越少。

随着人民生活水平提高，双休制度给老百姓带来许多休闲时光，苏州应该有高质量的早茶市场。多年前，我出差去杭州，杭州朋友在西湖游船上设的早茶让人难忘。泛舟西湖，美景美境，一杯龙井、几道点心、几样水果，教人领略了"天堂"美、美江南。其实，苏州完全有条件超越"天堂"另一半啊！

苏州金海华有担当，2019年底，公司在园区斜塘的华宴店隆重开业，很快就推出满庭芳早茶。尽管做早茶，员工起早辛苦，利润也不高，但金海华一直坚持在做，应该为它点赞。

三

满庭芳早茶有一份挺文艺的食单，曰"蒸蒸日盛"，其实就是馒头单，有马兰头包、千层油糕、三丁包、五丁包、豆沙包、松仁烧卖、翡翠烧卖、灌汤蒸饺、蟹粉汤包等十一款。"点睛之笔"，就是点心，有萝卜丝饼、生煎包、小方糕、芝麻酥饼、荠菜春卷等六款。"地主之谊"是主食，有荠菜汤团、酸辣馄饨、白虾馄饨、葱油面、水鸭面、茶叶蛋、薏米粥等九款。"甜言蜜语"是甜品系列，有杏仁奶冻、麦芽酸奶、藕粉鸡头米等四款。也有几个冷菜和热炒品种，有烫干丝、盐水鸭、鸡油豆角、白灼蒲菜等十余款。

真的挺丰富，可以满足不同层次食客需求。

作为老苏州的我，尤爱其中十款。假如让我做东请朋友，我会如此点单。

三丁包和千层油糕。明眼人一看就知，这是扬州特色。是的，也是我的最爱。三丁包之三丁，即猪肉丁、鸡肉丁和竹笋丁。猪肉丁之肥、鸡肉丁之鲜、竹笋丁之脆，三丁组合，组合复合之鲜。千层油糕，层层叠叠、酥松润肥，老少皆宜。今天的苏州早茶、苏州餐饮，完全不必拘泥于太苏州，应该打开思路，集江南美食于"天堂"，让食客享用大苏之味。

生煎馒头和传统方糕。能够作为在苏州享用早茶的苏式美食符号。假如是招待外地朋友，当然会点几道苏州经典点心，比如生煎和方糕。满庭芳的生煎馒头很地道，小方糕尚须改进，中间馅心要加量，选用红（玫瑰）、绿（薄荷）、黄（橙酱）；面张要更薄，能透出馅心之色；面张要增加刻花，选用江南符号。这块小方糕，可改称园林方糕。

　　藕粉鸡头米和荠菜汤团。鸡头米，可以称"水八仙"之魂，此物最江南。苏州早茶当然要有、必须要有。有人说，一口吃到苏州，说的就是鸡头米。鸡头米与藕粉圆子结合，很有创意，让鸡头米不再孤单。汤团，也是苏州特色。荠菜汤团，更是苏州味道，也是早茶上一口吃到苏州味道的上品。

　　灌汤蒸饺很完美，汤汁饱满，大虾仁肥美。

传统方糕

一

二十四节气中有处暑，时间为 8 月 23 日或
24 日。这是一个反映气温变化的节气。"处"为
终止，"暑"自然是暑热，"处暑"表示炎热的暑
天即将结束。"暑气至此而止矣。""空山新雨后，
天气晚来秋。"

秋，是气候渐变的季节，尽管可能还有"秋
老虎"，但总起来说，还是"一场秋雨一场寒"。
老苏州说，"落一场冷一场"。秋，是万物嬗变的
季节，芦花白了，银杏叶黄了，枫叶正红时。
秋，更是收获季节，瓜果熟了，大闸蟹肥了，
中国人的主粮——水稻也颗粒饱满、稻穗低
垂，稻田一片金黄。

啃秋·谢秋

二

金秋，对于江南人来说，更是打开了一扇美食之窗，水红菱上市，鲜莲藕上市，"水八仙"之首鸡头米上市。那是我一年四次激动的时刻之一。碧螺春、枇杷、鸡头米、大闸蟹，它们的上市是我，也是无数苏州人一年中的激动时刻。金秋时节，中国人有个美食理论，叫作贴秋膘，而我则喜欢叫作啃秋。想想也是有道理的，夏季，无数美少女疰夏，无数美女一天只食一盒生蔬菜，大多数男士也胃口大减。天太热，实在吃不进啥美味佳肴。而秋天了，秋风起，人们食欲大增，唤起"大碗喝茶，大块吃肉"之冲动，夏季少食的损失金秋是该补一补、夺回来。

三

把当令的食材整合起来，巧妙搭配，挖掘传统，有所创新，做成一桌秋宴，既是弘扬苏州美食文化，又能满足食客需要。同时，对于美食工作者来说，更是对物产的尊重，对收获的赞赏。

"香山味道"总厨鲁滨进入 8 月后一直在动脑筋，邹总要求 9 月 1 日前要推出秋之宴。鲁厨与我在微信沟通，几个来回，初定了秋之宴菜单，如下。

开胃四碟：糖炒栗子、慈姑片、爆白果、杨梅干。

金秋冷盆：橙汁藕片、鸡头米黄桃冻、苏式酱鸭、白切羊肉、瓜皮火腿、鸡火水芹、糟卤茭白。

秋风热炒：金橙虾仁、板栗东坡肉、避风塘香鳗、银鱼大头

三白羊肚菌

菜、雪梨鱼片、三白羊肚菌、上汤水八珍、青瓜烙。

汤菜：水鸭冬瓜盅。

点心双辉：板栗酥、肉月饼。

主食：蟹粉捞饭。

水果：红菱、莲藕、葡萄、石榴。

冷盆中有几道颇有创意。一是橙汁藕片，新鲜的莲藕，切成薄片，在橙汁中浸了，雪白的藕片有了鲜亮的橙色，也增加了味道。二是瓜皮火腿，准确说是暴腌西瓜皮加西班牙火腿片，尤其是那脆脆爽爽的西瓜皮，让很多食客惊叹。从前苏州人吃过西瓜后，瓜皮都是会适当腌制的，第二天早饭过了粥吃。三是鸡火水芹，这是苏帮厨师常用的，用"鸡火"和其他菜肴搭配，鸡是鸡肉丝，火是火腿末。用这两种鲜味十足的食材与任何食材搭配，味道立马升级，你可以想象得出的。四是糟卤茭白。"水八仙"之茭白进入冷盆，夏季，厨师常会雕成白兰花；而进入秋季，完全可以换样呈现。将茭白（细嫩者）保持一点绿壳，开水焯熟，用糟卤浸过。选一个冰山盆，将卤过的茭白插于冰盆，宜配虾子酱油。

八道热菜道道出彩，每上一道，就是一片"喀嚓"声——手机先"尝"。金橙虾仁，是将虾仁装在橙子皮壳中。记得陆文夫在《美食家》中，将虾仁装在番茄里。差不多的意义，不仅器皿颜色鲜亮，而且有淡淡的果汁味钻进了虾仁里。苏州老味道有瓜姜鱼丝，谢秋宴上，在这道传统菜中增加了雪梨丝。所谓瓜姜，是选用了酱菜中的小酱瓜和嫩姜片，都切成丝。金秋是苏州"水八仙"上市时节，苏州菜馆一般会推荷塘小炒，此次谢秋宴，一改常态，将"水八仙"中的鸡头米、红菱块、荸荠丁等，用鸡汤做成一道半汤菜肴，挺有创意。三白羊肚菌与青瓜烙也受到食客称赞。

水鸭冬瓜盅，是谢秋宴最成功的一道汤菜。取半个小冬瓜做器皿，里面是高汤，有一个冬瓜球、一块鸭肉、一根竹荪、一个鸽蛋、若干火腿丁，都是好食材。那盅汤啊，让人回味无穷，套句大俗话，"鲜得掉眉毛！"

青瓜烙

一

江南雅肴

苏州餐饮界有一朵灿烂的小花，它叫新梅华，在中国文字中，"华"通"花"，梅华其实就是梅花。梅花不畏严寒，乃早春第一花，在江南大地，开得是浩浩漫漫。

很多食客都知道苏州的"江南雅厨"，有时候会看到"新梅华·江南雅厨"的标识，问是怎么一回事？回答：一根藤上多枝花。

1989 年，单三男创办梅华菜馆，店不大，却开得风风火火，家常菜、农家菜，在吴县市内小有名气。2001 年，三男女儿单正接班，她可是辞去了体育教师的职业，来继承这份"油腻事业"。这一年，她在"梅华"前面加了一个"新"字，宣告新梅华餐饮管理有限公司成立。这一年，金洪男是新梅华的厨师长。单、金联手，新梅华开创新天地。2015 年，"蒸灶十八碗"开业；2016 年，南北斗爊卤店诞生；2017 年，"江南雅厨"问世。2020 年，"姑苏食景图""半庭嘉宴""四季阳春·苏式汤面馆"先后开业。至今，公司创立三十二年，直营门店四十多家，员工两千余人。

二

一家餐馆，就是当家人的思想物化。新梅华公司的灵魂人物有两位：单正、金洪男。单正本是教师，有很高的素养，思路清晰，管理一流，她被新梅华的两位新秀单晓雯、金晓琪拜为师傅，她向年轻人教人生观、传事业心。金洪男是江南餐饮界的传奇人物。他是厨师，毕业于苏州旅游职中，目前是中国烹饪大师，做得一手好菜；他又是画家，师从吴冠南，擅写意花鸟，挥洒自如，曾多次举办个展。2018 年，金洪男牵头，在苏州三元美术馆，举办过一个别开生面的厨师书画展，取名"味合五色"，有几十名厨师参展。我在参展时顿悟：这就是苏州的底色、底蕴。厨师都这么有文化！而金洪男，苏州餐饮界都称他是最能书画的厨师、最能做菜的书画家。

三

江南雅厨，魂在一个"雅"字。开店环境雅、餐具器皿雅、菜品点心雅。我曾写过"江南雅点"，介绍了园林小方糕、洞庭雪饺、情侣蜜糕等。本文，则要介绍几款雅肴。金秋时节，江南雅厨要奉献给食客的几道精美佳肴。

　　山楂牛肉。红烧块牛肉，食料精选自雪花牛肉，即基本精瘦的牛肉中有丝丝缕缕的肥肉。这样的牛肉，吃在口中不柴，酥烂肥厚却有质感。火候到位、牛肉酥烂，便老少皆宜。有整只山楂加盟，使这道菜色泽亮丽。当然，不仅仅好看，且好吃，鲜山楂是水果，烧熟后酸甜的口感极佳。这道菜，完全可以打通四季，成为"江南雅厨"经典名菜。

青苹果八宝饭

青苹果八宝饭。菜单上看到这名，心就痒得想点。这道点心上桌，令人眼前一亮。青苹果，不削皮，切成薄片，一层一层，摆在八宝饭上。不放青苹果，八宝饭有五彩缤纷的面孔；放了青苹果，"八宝"们可免了，只保留豆沙、糯米饭之实质。食八宝饭，先要搅拌，将青苹果拌入八宝饭，产生全新口感，可以用一个"爽"字概括。更准确说，叫"鲜爽"。

金橙凤尾虾。金橙，就是橙子皮壳，将橙肉大致挖去，橙之皮壳作器皿。炒虾仁时，加入橙汁、橙肉少许，调节了虾仁口感。凤尾虾，是拆虾仁时，保留尾巴，这就给白煞煞的虾仁增加了一点红。

雪梨鱼丝。它是苏州传统名菜瓜姜鱼丝（片）的升级版。金秋时节，各种雪梨上市，索性用新鲜水果取代酱菜，将雪梨片代替瓜姜（姜瓜、酱姜），实在是很美妙。这既是对时令食材的尊重，又是现代健康理念的体现。

绿肥红瘦（青豆加石榴籽）。我一向主张，菜肴名不宜太深奥，尽可能让食客一目了然，知道菜品内容。但此刻，当我看到这道菜肴，满盆是碧绿的青豆，撒上了红玛瑙般的软籽石榴粒，我能叫响的菜名，就是绿肥红瘦。当然，写在菜谱上可加括号，说明内容。

翡翠镶金瓜。翡翠者，新白果也！新白果，剥出肉来是碧绿的，闪着光泽，如翡翠一般，镶嵌于金色的南瓜之间，那色泽实在是诱人无比。

都是天然的时令食材，精心组合，视觉、味觉都是一级棒。能不赞江南！能不夸雅厨！

绿肥红瘦

一

家常便宴

家庭聚餐分两种，一种是孩子礼拜天回家与父母共聚，父母做几道小菜，那叫家常便饭。再一种就是部分家族成员聚餐，人较多，那就得七大盆、八大碗的准备，虽然也是些家常菜，但一定不能称便饭，应该称宴，家宴。是宴一定要有冷盆、热菜、点心、汤、水果。这样对于家庭主厨来说就有难度了。毕竟人家菜馆有白案、红案、点心师的呀！怎么办？还是下馆子吧！省事是省事了，但不省钱。现在苏州好一点的菜馆价格不菲，动不动餐标二百三百的，有的档次高一点的，餐标要五百，甚至更高，对于普通百姓、工薪阶层，就有点咬手。难得聚一次还可以，假如一个月来个两次，就有点捉襟见肘了，怎么办？

二

苏州有胥城大厦,1987 年开业的,至今已有三十余载,当时是全国物资系统综合改革试点单位,是一面旗帜。胥城的餐饮一直做得不错,一碗奥灶面、一只肉月饼、一只富贵蹄,做得名声远扬。胥城餐饮的掌门人叫潘小敏,大伙叫他潘大厨,工作特别认真,做菜特别讲究,是劳动模范,曾在外交部工作,随国家领导人出访时烧菜,请外宾品尝中国味道。

这么多年,胥城餐饮缺一个品牌。2021 年中秋前,胥城把餐饮定了"苏宴坊"的名,请书画家濮建生写了块牌匾,红底金字,可以称得上金字招牌。品牌有了,胥城又将苏宴坊菜品定位为家常便宴,潜台词是高贵不贵,工薪阶层可以承受的餐标,在四星级酒店可以享用的江南美食。

三

我为苏宴坊的定位点赞,专程去采访。且看菜单。

冷菜单:苏式爆鱼、熟醉蟹、苏式酱鸭、桂花糖藕、葱油海蜇、广式叉烧、白斩鸡、梅汁仔排、爽口黄瓜、蔬菜沙拉、白切羊糕、韩式牛肚、炝毛豆等。

热菜单:清熘虾仁、松鼠鳜鱼、清蒸白鱼、响油鳝糊、黄焖河鳗、绿叶樱桃肉、肉汁烧笋干、红烧藏书羊肉、石家蟹粉豆腐、荠菜蘑菇蹄筋等。

汤菜单:沙河鱼头、砂锅三件子、老鹅白汤等。

苏式爆鱼

点心单：桂花鸡头米、赤豆小圆子、枣泥拉糕、三鲜煎饺等。

非常家常，非常经典。

四

假如我在苏宴坊招待朋友，我会这样点菜。

冷菜，注意荤素搭配，色彩搭配。我必点苏式爆鱼、桂花糖藕。爆鱼，菜馆都写作熏鱼，那是错的。所谓熏鱼，是点燃香草，用烟熏制成的爆鱼。现在大多没了这道程序，鱼块在大油里氽，氽得金黄，浸于卤汁。所以不该称熏鱼，而应叫作爆鱼。从前爆鱼都是切片，现在大多切块；摆盘方式也有变，现在都流行垒起来，像一座假山，挺不错。有的菜馆还推出热的爆鱼，称为上海爆鱼。可能是上海先流行，但热吃爆鱼确实比冷食好。桂花糖藕，颇有苏州特色。一段藕，一切两，孔洞中灌入糯米，中间用竹签，将断的藕插紧，文火慢煮，放食用碱少许，装盆时，通红的藕片上洒几朵金色的木樨花。

热菜呢？一虾、一鱼、一肉是必点的。

苏州人设宴，虾仁必是头道菜。赤裸裸一大盆虾仁的时代过了，诗意的苏州人需要"虾仁十八变"，可以将虾仁装在番茄里、装在黄瓜里、装进橙子里、装进荷花里。陆文夫《美食家》里，已经把虾仁装在番茄里了。虾仁还可与时令花果组合，梅花虾仁、桂花虾仁、石榴虾仁……

鱼必点。招待外地朋友，一般点松鼠鳜鱼，毕竟那是苏州第一招牌菜。而苏州本地人，尤其是家人聚餐，一般会点清蒸白鱼。我更喜欢红烧鳜鱼、糖醋黄鱼。苏宴坊大厨推荐了砂锅焗鲳鱼，卖相不错，听说吃口很嫩。

肉必点，点啥？苏州人的餐桌上，春季是酱汁肉，夏季有荷叶粉蒸肉，秋季是扣肉，冬季是酱肉。如今，一盘"绿肥红瘦"的樱桃肉，基本打通四季，颜色靓丽，味道"江南"。我点菜，每每会点樱桃肉，挡不住的诱惑。

樱桃肉

一

鱼十烧

一方水土养一方人，育一种文化。

江南文化，源自鱼米之乡，有三个最基本的标识：米、鱼、水。鱼米之乡自然是鱼和米的丰产地。鱼！苏州方言读与"吴"字的读音一致。三千多年前，泰伯奔吴，将这个地方定名为"吴"，或许冲的就是鱼。米呢？全中国最早的人工栽培水稻基地之一，就在苏州，就在草鞋山，距今六千多年。我们把中国古文化称作农耕文化、稻作文化，依据之一，就是苏州草鞋山的水稻杰作。鱼和稻都离不开水，水是源头，没有了水，就不存在鱼和稻，也没有鱼米之乡的称谓，文化也就是无本之木、无源之水。

江南文化，堪称水文化。

红烧划水

江南一片灵动之水，育出一条鱼、一颗稻，育出一座座灵动的城、一代代灵动的人！

二

黄桥，苏州相城区的一个小镇，与鱼有着不解之缘。早在春秋末期，越国大夫范蠡驾舟隐于黄桥芦苇中，开启了黄桥养鱼的历史。汉武帝时期，黄桥开塘围堤，开始了真正的养鱼业。清末，黄桥养鱼业渐成规模。1949年后，黄桥成为全国内塘养鱼模范地，尤其是这里特育的黄桥粉青、庄基粉青，声名远扬，成了黄桥的名片。鱼乡黄桥，黄桥鱼乡！黄桥出产的粉青，是一种青鱼，背部呈粉青色，原因是食料，黄桥粉青鱼吃螺蛳长大。这种鱼生长缓慢，一条五千克左右的粉青，一般须养四五年。黄桥粉青的特点：身体浑圆、肉质精美，既有鱼肉之味，又有螺蛳之香。物以稀为贵，目前一条拿得出手的粉青，动辄两千元。

三

黄桥鱼乡人民会养鱼，爱食鱼，老百姓也积累了诸多烧鱼的方法，概括起来称"鱼十烧"。国庆节前，我请"为荷"大厨帮忙，演绎鱼十烧，由于季节原因，粉青鱼尚未起塘，有几道菜没做成，有几道鱼肴用了代用品。但烹饪方法，展示效果基本到位。

黄焖鲤鱼。非常奇怪，苏州人基本不食鲤鱼，缘于鲤鱼跳龙门的故事，但渔乡人民，包括太湖渔民，还是食用鲤鱼的，比如太湖边有老烧鱼，选用的就是鲤鱼。黄桥人的黄焖鲤鱼，和曾在山东品尝过的差不多。一打听，原来大厨来自山东。

红烧划水。划水，即青鱼的尾巴和鱼鳍。必须是青鱼，只有青鱼的尾和鳍，一根根鱼骨头上才包裹一种非常肥美的黏膜。品划水，食的就是那层膜。青鱼的划水很美，想象一下，青鱼中的极品——粉青鱼的划水该是更美。

咸肉花鲢头

蜜汁爆鱼。菜单上写的是熏鱼，我予以了纠正，真正的熏鱼是将油氽好的爆鱼放在烟火上熏制，用上等的香叶。这一程序现在基本取消了，所以，我们应该把油里氽出、在调料上浸过的鱼块，称作爆鱼。爆鱼的最高境界就是外脆内嫩，不要切得太薄，不要氽得太过，咬开干渣渣，便吃不到鱼的鲜美了。

咸肉花鲢头。鲢鱼分两种：白鲢、花鲢。花鲢的鱼头特别大，俗称胖头鱼。江南人喜欢的鱼头汤，就是花鲢鱼头做的，出名的是天目湖、千岛湖鱼头，其实就是因为那里的水面大、水质好，大水里养出的胖头鱼，自然味道鲜美。大大的鱼头做了汤，小小的鱼身怎么办？一般会将鲢鱼的鱼身，剁成鱼泥，做成大鱼圆，在汤里同煮，味道不错。可以放豆腐，黄桥人还放咸肉，把一锅鱼汤调整得味道丰腴、肥厚。

雪菜昂刺鱼。昂刺鱼长相漂亮，黄底黑纹，嘴上有长胡须。东山人称它汪牙，它会"唱歌"，发出"呱呱"之声。红烧昂刺鱼，加雪菜，是很农家的做派，也是最鲜美的，用那鱼汤拌饭吃，那是上品。

鲫鱼塞肉。让人眼前一亮的菜，让我想起妈妈的菜。将鲫鱼处理干净，鱼肚、鱼鳃塞入猪肉糜，油里煎过，红烧，放大把香葱。小时候，母亲常把塞肉的鱼头夹给她疼爱的孩子，作为奖赏。我在船上工作时，也为母亲做过此菜。

鱼十烧，本次缺位的四道：红烧什锦鱼（太湖人称"杂鱼"），香糟鱼块、塘鳢鱼炖蛋、生姜鲫鱼汤。

春节，我会再来。

一

廿五载的沉淀

上世纪80年代前，苏州只有一条美食街——太监弄，松鹤楼、得月楼、王四酒家、老正兴、新聚丰……苏州的一流餐馆都集中在那条街，有道是"吃煞太监弄"。

1996年，苏州有了第二条美食街——嘉馀坊。这里最多时开出了四十七家餐馆，出名的有同济酒店、嘉馀茶酒楼、名城酒家、丽丽酒家、春天故事等，领头雁自然是同济酒店。

同济酒店的老板叫陈素兴，大伙叫他"阿兴"，他曾是一家国有企业的领导人，改革开放中"下了海"，开了这家饭店，一开就是二十五年。如今，嘉馀坊因停车等原因，酒店已基本无存，原先出名的几家也早已无影无踪，唯同济酒店还在，只是换了地方，开在了新区绿宝广场。阿兴不仅开好了同济酒店，还领导了苏州乃至江苏省的餐饮行业，他担任苏州餐饮商会会长二十年，担任省餐饮商会会长十五年。

同济在当时餐饮市场竞争激烈的环境中，能够一炮打响，除了过硬的菜品外，还打过一张名人牌。阿兴有许多媒体朋友，记者在采访名人时，都邀他们到同济做客，于是，来过这里的有吕良伟、邝美云、陈红、刘秉义、程志、马玉涛、王昆、刘欢、崔京浩、周艳泓、德德玛、罗天婵、卞子贞、杨洪基、老狼、才旦卓玛、邓玉华、郭松、方芳、杨澜、王志文、任艳、姜昆、牛群、赵宝乐、王汝刚、恬妞、刘嘉玲……我只能用省略号了，实在太多了。当时的老同济，现在的同济大酒店，墙上挂满了明星在同济的留影。

名人效应有两大好处。其一，名人行为有放大效应，名人去哪里用餐，会有许多"粉丝"尾随而至，带来生意。其二，服务员为客人点菜时，可以说，这桌菜是某某明星来时的安排，或者说，这道菜是某某明星最喜欢的。凡人都有追星意识，此刻，点了、吃了这桌菜或是这道菜，感觉自己也是名人了。人们用餐，心理因素也很重要。

二

同济起步，借助了名人效应，但归结到底，还是菜品质量高，味道好，价格公道。

二十五年后，我又到同济采访，问现任当家人陈淑琴和厨师长吴健：二十五年经久不衰的菜品是什么？我想，一道菜能经历二十五年风雨，还能站得住，还能受到食客的欢迎，那就可以认定

火末豆瓣酥

是名菜、招牌菜。百年老店的名菜就是这样沉淀下来的。

陈淑琴、吴健报给我六道菜。

栗子老烧鹅。这也是我二十五年来对同济印象最深的一道菜。从前是用厚平底铁锅装了直接上桌，现在改用白瓷盆了，但味道依旧那么美。鹅块、板栗都是浓油赤酱，火功到位了，鹅肉很酥，火功没过头，栗子整形不散。

火末豆瓣酥。根据季节，或用新鲜蚕豆瓣打成泥，或用鲜豌豆、甜豆打成泥，用猪油炒，口感是肥肥的。碧绿的豆瓣酥撒上火腿末，通红的火腿末一下子点亮满盆的青豆泥。菜肴讲究一个"色"，这一盆老少皆宜的火末豆瓣酥，可以用"绿肥红瘦"来概括，如诗如画！

香煎糟鱼。苏州人春节一定得有一条青鱼，要分段处理，有的做爆鱼，有的做炒鱼片，还有的加糟泥腌制。腌制过的糟鱼，一般有三种食法，一是氽糟，那可是苏州的一道名菜；二是红烧糟鱼，吃口有点咸；第三种做法，就是香煎，其实就是干煎，那个香啊，那个鲜啊！难得说一句套话，那叫"敲耳光不放"。

香烤味噌鱼。这是同济 2008 年搬到绿宝广场后开发出的新菜，没有二十五年，却也已有十三年了，据说食客点击率极高。它选用深海鲽鱼，亦称鸦片鱼。这种鱼肉质较厚，吃口较嫩，经过烤制，奇香无比，撒上味噌调料。味噌，好像日本人最喜欢，看电视剧里有味噌汤，就是相当于中国的黄酱汤。

水波腰片。用的是猪腰子的薄片，不是腰花。腰花是要改刀的；关键是处理干净、彻底，没有一丝腰腥。宽汤，加一把香菜碎，增色增味。

一

可能没有人会为了环境而去就餐的，但也不能不承认，环境对于就餐之重要。从前，酒店、菜馆少，大家选菜馆，主要是选菜品。如今，餐饮市场火爆，小菜馆铺天盖地，而菜品质量普遍都还可以，这时候，人们就要选环境了，比如在园林环境里就餐，比如在家庭陈设氛围中就餐，比如在水边船上就餐，会特别有吸引力。这时候，提出加强菜馆特色环境的建设，便有特别重要的意义。

苏州百盛就特别重视"吃环境"，去冬青路上的"百盛人家"，就像是到了朋友家里吃私房菜；园区的百盛鼎膳，创造的是蓝色基调，食客仿佛走到大海边，在那里品尝海鲜。2021年10

吃环境

月，百盛在相城高铁新城打造了一家取名"匠宴"的酒店，更是别出心裁。匠宴范围不大，有八个包间，每一间选用了一种非遗作品来装饰，包间四周，除了有吃饭、打牌、喝茶的空间外，都放着非遗作品，供人观赏。金砖厅，自然摆放各种金砖；经纬厅，陈列有缂丝作品；吉金厅，摆放巧生炉；冰梅厅，选的是苏式鸟笼；珍珠厅，里面有珍珠；促织厅，放置蟋蟀罐；逸雅厅，布置了砖雕；帆影厅，陈列着海林的船模；菜馆入口，是一个沈周书房，摆放着苏工明式书房家具。食客们在就餐之余，看一眼四周陈设，读一段美文介绍，不能不说是另一种收获，别样的喜悦。

二

百盛的起步是一碗汤。

二十五年前，陈氏兄妹主营是捕蚬子，出口蚬子。蚬子是生活在淡水湖底的，有黄蚬等多个品种。除出口外，他们希望让当地人品尝。于是，1997 年，苏州凤凰街上开出了第一家百盛楼，出名的就是一碗蚬子汤。食客入座，每人一碗，用木碗盛，加了味噌调料，那个鲜美啊，至今令人难忘。时过境迁，苏州的湖泊中已难见蚬子，百盛楼也不再卖蚬子汤。但是，今天的百盛大厨们，他们还是想努力做好一碗汤，选用黑鱼、鲫鱼煮汤，加入羊肉、鱼丸和文蛤，这碗汤应该叫作鱼羊味噌汤，品尝者无不赞美。还是一碗汤，但食材更丰富，味道更鲜美了，值得点赞！

鱼羊味噌汤

三

如今的百盛，已绝不是仅以一碗汤出名，品种丰富的菜肴随时令而变，且各家餐馆特色不同，印象深、味道好的有如下几款。

雪花丹枫小牛肉。选用上等牛肉，四方块，浓油赤酱，有点甜。加几片山楂糕刻制的红枫叶，吃口酸酸甜甜，品过牛肉之后，嚼一片山楂糕枫叶，口感极佳。上桌前，暗红色的牛肉块上撒一点绵白糖，宛如雪花，增加视觉美感，也增添了赏味的丰富性，让人想起"枫丹白露"一词，是一道很有意境的菜品。

水晶南腿片。精选南腿，切成薄片，喷过五粮液白酒，上笼蒸，装盘讲究，堆高如小山，用作冷盆，佐酒真是绝妙，且非一个"鲜"字了得！

水晶南腿片

九年百合蒸西腿。百合分两种，一种是江南百合，出名的是宜兴百合。苏州人用作甜羹，将宜兴百合剥成片，撕去每片上的薄衣，开水一煮，加糖桂花，又糯又酥，有淡淡的苦，正是苏州人说"夏日需要吃点苦"的味道。另一种是兰州百合，百盛选用九年兰州百合，它"三年生，三年长，三年养"，一说九年，便倍感珍贵。其可以生食，有点甜。百盛将其蒸熟，加入西腿，即西班牙火腿。众所周知，西腿可以生食，切得很薄，奇鲜无比。这道菜，看似一幅画、红白相间，吃口很不错，兰州百合遇见西班牙火腿，糯也有了，鲜也有了。

虾肉羊肚菌。羊肚菌为菌中极品，模样俊俏，如小辣椒，是空心的，正可塞入食材。百盛选用了虾肉，即猪肉糜加入虾仁，如是，这道菜便是荤素两种不同鲜美的碰撞，凡碰撞者，必有火花，因此这是一道闪烁美食火花的经典菜肴。

虾肉羊肚菌

一

冬补食羊肉

　　入冬后，讲究的苏州人开始考虑冬令进补。苏州人进补，女性一般会找个老中医，配几味合适的中药，加入驴皮膏，加工成膏滋药，罐装，每晚睡觉前来一勺。男人嘛，一般就是食羊肉，每天一碗羊汤，营养丰富，那是苏州男人的冬令加油站。

　　苏州的羊肉，大致分为三支，最出名的是木渎藏书羊肉。藏书从前是个建制镇，现已归并木渎。藏书农民并不养羊，羊都是外地来的，是山羊。藏书农民发明了一种烧羊肉的方法，有一个杉木做的大锅盖，高近一米。藏书羊肉之美，全部秘密就在大锅盖里，简称木桶羊肉。当年，李根源先生第一个把藏书羊肉介绍到苏州，就

炒羊杂

有了如今苏州鳞次栉比的羊肉店。这些小店主要经营羊糕、羊肉，尤其到了冬天，一碗羊汤最为暖心。

第二支，是东山羊肉，选用当地的湖羊，烧得透，焖得酥。买一方羊肉，用一片干荷叶包裹，扎一根稻草。回家切成片，蘸酱油吃。而藏书羊肉的蘸料一般选用平望辣油、辣酱。

第三支是太仓双凤红烧羊肉，讲究浓油赤酱，出名的是一碗面，全称是双凤红烧羊肉面。

二

东山古镇，最大的餐饮酒店是东山宾馆，每天接待天南海北宾客，尤其是节假日、双休日、果子（枇杷、杨梅等）汛里，几乎是一房难求。外地客人到东山，是希望品尝到苏州美食、太湖味道，因此，作为一家大酒店，完全不必拘泥于当地，完全可以打开思路，将苏州美食、太湖味道集合打包，整体推出，比如羊肉汛中，东山宾馆就把当地羊肉、藏书羊肉、红烧羊肉以及其他美味羊肴进行整合后推出，可以称全羊宴。考虑到有些食客不食羊肉，他们就将鱼的概念植入，取"鱼羊为鲜"的意思。金秋时节，在太湖芦花白、橘子红、银杏叶黄的美好季节，隆重推出鱼羊宴。

有几道菜品特别赞，值得记录。

"肝胆相照"。这是道冷菜，将口感特别细腻的羊肝，中间挖个洞，灌入咸鸭蛋黄，上笼蒸熟，冷却后切成薄片。看相好，味道灵，寓意深。

孜然炭火烤羊排。上一盆熊熊炭火，上有铁丝架，上面排齐羊排，有孜然加盟，让人感觉是新疆人的烤羊肉串。随手撕一片，感觉又是大西北烤全羊的风味。江南，太湖旁，能用这种方式品一款中国的羊肴，岂不美煞！

京葱羊腩酱青鱼。中间一方红烧青鱼，上面撒着金灿灿的桂花；四周是红烧羊腩，这是太仓人、东山人在家烧羊肉的方法。用京葱段铺底，给菜肴上桌时的惊艳加了分。一盘菜，鱼羊组合，方便了不太食羊的客人。这就是宾馆的贴心服务。

鱼羊一品鲜。上一锅沸腾的鱼汤（从前用羊汤），同时上十小碗羊杂，更有雪白粉嫩的鱼丸、绿的青蒜、白的细盐、红的辣酱等。全部采用"过桥"形式，给食客提供了选择的自由度。有的人不食羊，那就来一碗鱼丸汤，也能感受吃羊汤的快感。更多的喜欢冬令食羊的朋友，完全可以将各种羊杂下锅，加一把新蒜叶，吃一碗风味综合的鱼羊汤。

白切羊肉面。一碗鱼汤阳春面，浇头就是一块闻名苏州的"矮马桶羊肉"，吃到的是苏州汤面之原味，吃到的是东山羊肉之特色。

一

花园里出蟹粉

"不是洋澄湖蟹好，人生何必住苏州"，汤国梨先生此经典名句，成为苏州大闸蟹最经典的广告语。

"西风起，蟹脚痒"，金秋时节，正是持螯赏菊时，远离苏州的外地人打飞的，周边城市的朋友更多的是自驾，利用双休日赶往阳澄湖（旧亦作洋澄湖）、太湖，一年尝一回。阳澄湖、太湖边农家乐家家火爆。更多的苏州人是买几对大闸蟹回家，清水一冲，放几片老姜、紫苏，上笼隔水蒸，二十分钟后，通红的螃蟹登场，倒一杯黄酒，折一枝菊花，一家人幸福剥蟹，其乐融融。小孩会取出蟹黄给老人，老人会剥出蟹腿肉给孩子。亲情无价，温暖的蟹汛。

陈皮醉蟹

二

　　持螯剥蟹，确是桩很浪漫、很有趣的事，但也有些人并不喜欢、嫌烦，更主要的是不会吃。我每年要传播"一只螃蟹六不吃"的食蟹方法，每年都令许多朋友大吃一惊，说他们一直把螃蟹的肠子、甚至胃误食了。有一年，全国媒体集中宣传苏州某一个重大典型，来了许多外地记者，北方人居多。正是螃蟹汛期，当地领导热情接待为媒体朋友提供自助餐，午餐、晚餐都有大闸蟹。结果一只没动，他们还托我转告厨房，不要再上大闸蟹。可见，请吃大闸蟹，并不是人人喜欢。苏州的菜馆、酒店每逢蟹汛，推出的都是蟹粉肴，比如雪花蟹斗、蟹粉狮子头、蟹粉菜心、秃黄油拌面等。

三

　　蟹汛以来，苏州新城花园酒店的大厨们比平时多了一项工作：拆蟹粉，那可是个技术活。据说，手艺顶级的大厨能将一只螃蟹的肉全盘整块剥出，还能拼装还原为一只螃蟹的形。听说有一年，苏州接待一位外国人，上了此菜，那外国人连连说好吃，问能不能再来一只，厨房回复没有了，弄得主人十分尴尬。别人以为苏州人小气，却不知剥出整只蟹肉，花了多少功夫，又有几个大厨会干这活！

　　新城花园酒店的厨师们在胡建中副总经理带领下，悉心研究、试验，将蟹粉菜肴创新呈现，不日将推出谢蟹宴。

　　冷菜中有一道陈皮醉蟹。从前苏州人喜欢食生的醉蟹，但终究因存在一定风险而退出江湖，这几年，大家认可熟醉蟹，味道很不错。味道好，重要的是"合（苏州话读'革'）料"。选用八年陈花雕酒，加入糟卤、白酒少许，再加入冰糖、八年老陈皮等香料，将煮熟的螃蟹一切两，然后浸入卤汁、密封，十二小时后即可上桌。此菜颇受食客欢迎。

蟹粉萝卜。冬日的太湖萝卜最是可口，萝卜切段，中间挖个洞，加入蟹粉，用高汤慢煮。只一口，既品到了大闸蟹的鲜美，又尝到了冬日里太湖萝卜的滋味。

蟹粉藕夹。"水八仙"之塘藕，在苏州，一般是做焐熟藕，一段老藕，一断两，藕孔里塞入糯米，用竹签子拼合。烧煮时放食碱少许，增加红亮感。煮熟后，切成薄片，撒上糖桂花，用来做冷盆，挺灵！大厨们则会做藕夹，两片薄藕，中间可以夹虾仁，可以夹肉糜，蟹汛中用蟹粉最好，酥爽的藕片加入了蟹粉的鲜美，形成了荤素碰撞的别样滋味，可以点赞！

蟹黄芋泥羹。选用太仓红梗芋芳，去皮煮熟打烂成芋泥，微微发紫，口感爽滑，放一勺纯蟹黄，那碗羹便鲜美无比。

秃黄油捞饭。取母蟹之黄，叫作蟹黄，再加入公蟹之膏，便称作秃黄油，顾名思义，纯粹的蟹黄和蟹膏。有点奢侈，价格自然有点昂贵。面馆里一碗拌面加一碟秃黄油，可以卖到二百元，上海更贵。假如用捞饭的概念来做呢？新大米做成米饭，有点油光闪亮的，饭香诱人，将秃黄油滑入，拌一拌，吃一口就让人醉。

蟹皇包。准确说叫蟹粉小笼，轻咬一口，那满满的汤汁就流出。吃小笼的第二个动作，叫作轻轻吮，吮那口鲜汁，然后才是咬一口……

望亭寻味

一

　　工作关系，我在 2021 年多次去了望亭。第一次去，路不熟，一脚油门，开到了无锡，却让我知道了苏州望亭隔壁是无锡新安了。故苏州运河十景中，望亭被冠以"吴门望亭"，是很确切的。望亭，运河苏州第一镇！

　　望亭，稻作文化、驿站文化、运河文化汇集于此。近五年，望亭投入近八亿，精心打造运河公园暨历史文化街区，建起了望运阁、望亭驿、望亭展示馆、运河百诗碑廊等，移置保护了皇亭碑。望亭已成为运河文化新亮点。

二

　　旅游目的地建设，要考虑"食住行游购娱"

芙蓉酥

六要素。"民以食为天"，吃是第一位。说到望亭的美食，人们首先想到芙蓉酥。传说，当年乾隆皇帝下江南，有一次要泊舟望亭镇，当地的一位糕点师傅集合百姓智慧，创作了这块糕点，模样俊俏、口味不错，皇帝命名"芙蓉酥"，好评连连。芙蓉酥类似萨其马，口感松脆，香甜可口。但用今天的理念来评价传统的芙蓉酥，总是感觉太甜了。在我多次建议下，目前，望亭已推出了低糖型、新口味、新包装的芙蓉酥，有桂花、玫瑰、花生等四种。我继续建议，试做无糖型、椒盐型，让今天有现代健康理念的老人和孩子也能爱上芙蓉酥，让芙蓉酥成为游人必带之伴手礼。

三

食，不光光是点心。我问，"迎湖星座"大厨：吃在望亭，吃点啥？他根据时令，给我开出了长长一串菜单，我选了四样，觉得是望亭风味。

套肠、绕肝肠。主食材都是猪小肠。套肠是肠塞肠，最后形成一个圈，有点像甜麦圈，入卤烹制，加红曲米少许以添色。食用时，切片，浇卤，纯正的猪肠味道。绕肝肠，是猪小肠捆住猪肝。切片上盆，食客吃到了肝与肠的复合味，让我想起江南许多餐馆流行的另一套菜，叫"肝胆相照"，是猪肝与咸鸭蛋黄的组合。

蹄藏，其实就是红烧蹄髈。端庄大气，红红火火，很有仪式感。这是一道大菜，一般不动。让我想起了一个故事，在国家天灾人祸的年代，不让农民养猪，农民吃肉难。但逢有喜事，总要请客吃饭，每一桌上一个蹄髈是必须的。没有蹄髈怎么办？江南农村曾流行过"木蹄髈"，就是用木头做的蹄髈，上桌用浓油赤酱的老卤烹制。一样热气腾腾，一样的红红火火，只是不能吃。也许是这个伤感故事的延续，望亭人请客吃饭必上蹄藏，但大多不动，打包居多。不忘过去，珍惜当下。

手捏菜。这是一道很有意思的菜，其实就是大青菜菜梗的利用。苏州人惜物，会过日子，一棵大青菜，一般会分部位做菜：外表层，留用菜梗，中间层可做菜饭，菜心用来煸炒。话说菜梗，是极佳的食材。我老家东山，当地人将菜梗腌制一夜，第二天切碎后酱油拌之，属搭粥菜。望亭人将菜梗先切成薄片，加盐手捏，压上小石鼓墩，四小时后，淋上热葱花油，加绵白糖少许即可。吃的是大青菜本味，清脆爽口，不可多得。这道菜可以向苏州各大菜馆延伸，用它取代"万年青"。

烂糊面。大厨一再让我写写望亭烂糊面，他说，大冬天，望亭人餐桌上的主食多见烂糊面。我有点犹豫，最终，决定尊重大厨意见，并亲自去品尝。果然是一碗好吃得放不下的面，用一个字作概括，便是"糯"，大青菜的糯，小阔水面的糯，几颗毛豆子的糯，在高汤的调和下，组成了糯到心里的江南味、望亭味。

冬日暖宝宝

一

苏州人过年，是从腊月廿四忙起，北方人称"过小年"，苏州并无此说，只说"廿四夜"。忙点啥？掸檐尘，办年货，天天早起赶菜场。在我家，赶菜场是母亲的事，父亲则负责打扫卫生，还有一桩重要的事，就是洗擦暖锅。苏式暖锅是用紫铜皮敲出来的，配合金属錾刻工艺。苏州人家的暖锅一年只用一次，就是春节节假时。快过年了，父亲踩着骨牌凳，从三连大橱顶上取下紫铜暖锅，解开里三层、外三层包着的旧报纸，先用开水冲洗，然后用干布擦。紫铜皮擦得锃亮，在太阳照耀下一闪一闪的。我们一群孩子抬头看看天，低头算日子，好期待！

苏式暖锅，锅膛深广，下面放粉丝，上面

腌笃鲜

铺美肴：蛋饺、肉圆、冬笋片、熏鱼、肚尖、香菇等，刀面要漂亮，有点类似常熟蒸菜一品碗。暖锅中间是炉胆，用木炭做燃料。炉火熊熊，火火红红，暖暖和和，一家人围坐，开吃年夜饭。准备几道蔬菜，小菠菜、寒豆藤、小青菜、韭芽，暖锅沸腾时，蔬菜烫着吃，要随时加高汤。母亲变戏法似的，从暖锅底捞出几个白煮蛋，每人一个，老少无欺，母亲说：过年开心，一年滚过。原来，暖锅里的每一样美肴，都有寓意：蛋饺叫金元宝，肉圆叫团团圆圆，菠菜称红嘴绿鹦哥，小青菜称有青（亲）头……

香山国际大酒店春节前后要推暖冬家宴，有苏式暖锅，取名"全家福"，我建议加四个字，作"红红火火全家福"。

二

冬令被叫作"暖宝宝"的美食，其实是咸肉菜饭。小雪过后，苏州农家开始腌制咸肉，十天以后就开始晒，咸鸡、咸肉、咸蹄髈，家家庭院挂满小竹竿，成为江南农家一道风景。冬至后，最佳时令美食——咸肉菜饭开吃了！从前农家都有大灶头，用柴火烧饭，用新米，咸肉切成小块，选用霜打过的大青菜（吴江震泽、吴中东山有香青菜），在大灶头铁锅里烧菜饭。饭烧好，过十分钟，再烧一把火，这时，锅里就开始结锅巴。在农家乐吃菜饭，千万不可错过锅巴。

香山国际大酒店的咸肉菜饭是在砂锅里焗出来的，也有锅巴，味道真是好极了。

三

吃暖锅毕竟是难得的，平常过日子，苏州人冬令一般是做腌笃鲜，做烂糊肉丝。

腌笃鲜。新腌制的咸肉晒过一周就可开吃，新腌的咸肉称作"腌"；买一个鲜蹄髈，或是小排、猪爪等，称作"鲜"；新鲜的冬笋，滚刀切块，与咸肉、蹄髈三合一放在一起煮，苏州人称"笃"。要做好腌笃鲜，有两个诀窍：第一，汤水一次加足，笃汤过程中不开盖、不续水，闷盖文火笃。第二，火功到位，起码笃三个小时以上。

烂糊肉丝。从前，一入冬，北方家家储存大白菜，很多是单位福利，一家要备一黄鱼车的白菜，阳台上都堆满了。苏州人的冬令当家菜是大青菜，白菜是客串菜，但苏州人喜欢白菜，最拿手的是做烂糊，放几根肉丝，白菜煮得很烂，宽汤，略勾芡。大冬天，一碗新米饭，一碗烂糊，吃得浑身发热，这菜是不是也可以称"冬日暖宝宝"？

冬天，苏州人的当家菜是霜打过的大青菜，"三日不食青，肚里冒金星"。一棵青菜，多种用途：最外表的叶，做"手捏菜"；中间层，可以做菜饭，做"腌挤菜"；至于菜心，当然是煸炒。炒好菜心，最后一个动作是淋上鸡油，可见苏州人对这份菜心的重视与讲究。

苏州四季不断菜，杭州一年不断笋。冬天，浙江山里的冬笋在苏州面市，那是高贵食材。苏州人买一只冬笋，切成丝，加一点雪里蕻，这便是一道苏州冬季时令菜：炒雪冬。

期待，苏州香山国际大酒店寒冬推出的暖冬家宴。

一

办年货

北方人有"过小年"，苏州人没有，苏州只有"廿四夜"一说。苏州人过年，是从腊月廿四夜开始忙的。忙点啥？一是掸檐尘，就是彻彻底底搞卫生，包括屋顶上，玻璃窗户格子里的积尘，都要清除干净。二是挂字画，苏州人家家里的字画一年要换几次的，一次是黄梅前后，二是春节前，题材要喜庆，色彩要暖色。三是清供，要买点年宵花，选购银柳、水仙、金橘、佛手等，还要想办法剪到天竺子和蜡梅花。从前苏州的大户人家，客厅里置条案，上面必是三件宝：铜镜或是圆形的插屏、一尊太湖石、一个古花瓶。春节时，这只大花瓶里插的是天竺、蜡梅。当然，也可以是一大把银柳，上面缠些红

九支盘

绒线，吊几个小灯笼，也蛮喜庆。

二

腊月廿五或是廿六，要抽出时间办年货，苏州人特别喜欢到观东，就是观前街东头，那里有很多百年老店，走一趟，跑几家，一次搞定。先到黄天源，买到"四大名旦"，就是春节必用的四大件：糖年糕、猪油年糕（分玫瑰、薄荷两种）、小圆子、八宝饭。黄天源对面是采芝斋，旁边是稻香村，还有一家叶受和，要买的是茶食，春节时来客经常要用的。必须买到：蛋黄花生、丁果糖、白糖杨梅干、九制陈皮、三节橄榄、开心果、西瓜子、轻松糖、粽子糖、贝母糖、胡桃切片、芝麻切片、金橘饼等。然后要找一家水果店或是超市，必须觅到"元宝"，也就是青橄榄。现在很多水果店都无货，只能借助网络，求得福建产的青橄榄，顺便买一把福建漳州的水仙鲜切花，快递帮忙，直送到家。

三

办年货的另一条线是跑农贸市场，苏州人习惯到葑门横街或是山塘街农贸市场，那里"战线"长，规模大，品种全，价格还不贵。必须要买到的有：现做的蛋饺、现杀的爆鱼、慈姑片、水发好的笋干、蹄筋、黄豆芽、大青菜、小菠菜、水芹菜、鲜荸荠、春卷皮。现在真好，什么都有。从前，蛋饺、爆鱼等都是自己在家里做的，现在跑一趟农贸市场，什么都有了。

忙了很多天，就为一年中最隆重的一餐——年夜饭。苏州的年夜饭，必须要有这样一些菜品，且每一样菜肴都有文化寓意。黄豆芽被称作"如意菜"；年夜饭餐桌上的大青菜不能横着切断，被称作"长庚菜""安禄菜"；蛋饺是"金元宝"，肉圆为"团圆"；芹菜称"勤勤俭俭"。点燃一个苏式暖锅，或是一个五件子砂锅，称作"全家福"。要上一条整鱼，懂规矩的苏州人都不去碰这条鱼，撤席时，说"吃剩有余"。如果不懂事的孩子动了鱼、吃了一筷，也没事儿，可以说："有头有尾，吃剩有余。"年夜饭必须吃白米饭，烧饭时，要埋入全品相的鲜荸荠，每个人自己盛饭，一定要找到一个饭中的荸荠，这个游戏叫"挖元宝"。

四

大年初一，中国人的春节，新年伊始，万象更新。新生儿的属相也从这天开始进位。年初一的早餐必须要吃到的是糖年糕、汤水圆、糖桂花，寓意团团圆圆、甜甜蜜蜜、高高兴兴。年初一，宜给长辈亲属拜年。从年初二开始，朋友间开始走动，亦称拜年。朋友来了，首先送上一杯元宝茶，即绿茶加青橄榄。打开九支盘，朋友要吃几样东西：一粒糖，甜甜蜜蜜；一片糕，高高兴兴；几粒开心果，开开心心。再送上几样水果：一个橘子，吉祥如意；一段甘蔗，节节高。每一样东西，都有一句美好祝愿，这就是中国人的吉祥文化。

一

梅花，江南早春第一花。常有人说，更早的是蜡梅。其实，蜡梅并非梅，就像莴笋不是笋，酱油不是油，一样的道理。

苏州人，没有理由不在春节假期去探梅。中国有十大赏梅地，我认为苏州香雪海排第一。自太湖大桥修成后，苏州人赏梅还会去金庭。古典园林赏梅，自然是狮子林。

如何赏梅？一赏品种，白色的叫玉蝶，粉色的称宫粉，绿色的为绿萼，深红的叫骨里红，更深的叫墨梅，还有洒金的，它叫跳枝梅。

二赏造型，大自然造物，千姿百态。养在盆里的称梅桩，注入了人的智慧，如诗如画。苏州还有一种劈梅，只留老树根桩，纵向劈去一

梅花宴

梅花宴

半，重新嫁接，一桩能开几色花来，其实是嫁接了不同品种。

每年赏梅归，我必觅三宝：一是一把梅枝，回家插瓶；二是梅树下的菜苋；三是纹纹头，苏州城里的农贸市场看不到的野菜。所谓"早春四头"，指的是：马兰头、香椿头、枸杞头、纹纹头。纹纹头清炒，有特殊的清香，美得很！

二

苏州人懂吃、会吃，讲究"不时不食"，而在赏梅时节，一些优秀酒店会适时推出梅花宴，让人们在赏梅之后，再来享享口福，品尝梅花的味道。太湖边的新木器时代餐厅就是如此，连续多年，在赏梅时节推出梅花宴。

红梅虾仁。一桌苏州菜，第一道热菜必是虾仁。虾仁可以清炒，也可以十八变，即与时令花果结合，比如碧螺虾仁、蜡梅虾仁、枇杷虾仁等。虾仁还可以装进荷花，装进橙囊，装进黄瓜。赏梅时节，大厨便是在清炒虾仁中放几朵红梅，一是增色，二是添香，梅花的香气钻进了虾仁里。

三白映梅。三白指太湖白鱼、白虾、银鱼。太湖禁捕，农贸市场还是能找到白鱼等，只是来自外地，可能不如太湖产的鲜嫩。也不错，将三白打成泥，行话叫鱼茸。用香菇做几个梅花造型的托子，将鱼茸塞进托子，清蒸，佐高汤少许。梅开五福，讨口彩。

梅花菜苋。梅花开时，"苏州菜"（大青菜）开始"抽薹"，便是菜苋。去找梅树下的菜苋，菜油煸炒，细细品尝，可以品出淡淡的梅香。道理很简单，梅树下的菜苋，菜根与梅树根相连，再者，梅花落红洒在菜心里，就如同东山、金庭的碧螺春茶为什么有淡淡的果香味，环境啊！

梅子焖肉，一方红红的樱桃肉，四周放一圈梅花之果——青梅。烧这块肉时，要放几个梅子进锅，使得这肉充满梅香。大肉烧时，放少许红曲米粉，着着色，是苏州酱汁肉的放大版。这道菜，色泽艳丽，乃"红肥绿瘦"啊！

梅花汤饼。宋朝有本书，叫《山家清供》，里面记载了梅花汤饼。要感谢苏州华永根先生，是他整理、指导苏州人恢复了这道文化美点。做法很简单，鸡汤小馄饨，小馄饨做成梅花形，薄薄的皮子透出红红的肉馅，宛如一朵朵盛开的梅花。特制的餐具，有宽宽的边沿，上面搁一管春卷，春卷两头不宜卷合，尽情拉长，如同一管笔，仿佛可以蘸着汤汁，吟诗作画，书写大好文章，宋代文人吃货好风雅！

一

山塘早点来

苏州山塘街，古城最具人间烟火气的历史文化老街。明清时，这里有三多——石桥多、会馆多、牌坊多。这里还是从前的游船聚合地，这些游船称花船，船上女称船娘，这些船娘聪明伶俐，不仅会摇船，能唱曲，还做得一手好点心。这些小点心有造型，有鸭、鹅、刺猬、兔子、枇杷、桃子、慈姑等，还约定俗成，凡小动物造型的一律用荤的、咸的做馅；凡蔬果类的一律用细沙、麻酥等甜馅。从前的七里山塘，商铺林立，游船似梭，游人如织，还是当时的美食大世界。

小鹅馄饨

二

后来，山塘街上的美食渐渐衰落，连著名的正源菜馆也关了门。近十年间，我印象中的山塘美食就这几样：荣阳楼的油氽团子、朱新年点心店的汤团、阿坤卤菜店的猪头肉。可惜，阿坤卤菜店的猪头肉去年起没了，却多了一家陈小鹅鹅汤馄饨店。去尝过，味道不错。

今年春节，虎丘街道、山塘旅游发展有限公司要推出"山塘早点来"，我看到了很大的广告牌，让我有点欣喜。山塘早点该来了！这个"来"字用得好，早点来吧！既是苏州老百姓的心愿，也是众多热爱山塘老街、热爱虎丘景区游客的心愿。

来吧！早点来吧！山塘早点。

三

小鹅馄饨。正式店名叫陈小鹅鹅汤馄饨店。小鹅本名陈晓，因为她特别喜欢鹅，喜欢用鹅做菜，喜欢用鹅汤做馄饨汤底，食客就称小鹅馄饨，挺有诗意，也挺好记。陈晓夫妇决定不负众望，做好小鹅馄饨，这一做就是十年。十年了，小鹅把一碗馄饨做得是尽善尽美。说一碗馄饨好不好，无非是三个方面：其一是皮子，好的皮子比一般的要多压一"普"，皮子有嚼劲儿；面粉里加入蛋清，皮子更滑爽。其二是馅心，苏州人最喜欢两种，荠菜加鲜肉、鲜肉加虾仁。其三是汤底，用老鹅熬的汤，自然比一般的汤吃口更鲜美。

小鹅不仅有馄饨，还有糖粥，从前骆驼担上的味道。一勺白米粥、一勺甜豆沙，撒几朵糖桂花，食客自己拌。这碗苏州糖粥，让人永远难以忘怀。

四

荣阳楼黄松糕。山塘街上的荣阳楼向以油汆团子出名，生意一直很好。但荣阳楼绝不是只做油汆团子，他们家的馄饨也不错，同时还做糕团。这次进入"山塘早点来"组合的是一块黄松糕。说松糕，人人明白；说黄松糕，就未必了。黄松糕，古法制作，米粉中掺入少量粳米粉，糕质不松塌，用黄糖，有特殊的香气。从前，老苏州的早点，喜欢大饼夹块黄松糕。夹块猪油糕是难得的，猪油糕比黄松糕贵。

丹凤楼汤包。苏州人食汤包有口诀，叫"人等汤包"，意思是说，要坐等刚出笼的汤包味道最佳。汤包，个头小，一块硬币大小，皮子薄，肉馅足，轻轻咬，一股汤。汤包之汤是两层意义，一是说汤包的肉馅里用了皮冻，咬开一股汤。二是吃汤包必备一碗汤，一个小碗，里面有蛋皮，骨头汤装在大的茶水桶里，自我服务。品一个汤包，喝一口汤，是很美好的。

马栋佩烧卖。烧卖曾经是苏州早点市场一个重要的品种。烧卖的原意是一边做（烧），一边卖（吃）。点心师傅现场擀皮子，很薄，包入馅心，或糯米饭，或鲜肉。关键是打褶，严格要求，一个烧卖要二十四褶，就是打二十四个皱褶，如一朵花，寓意是二十四个节气。苏州点心讲究文化寓意。

朱新年汤团。朱新年点心店开店二十多年，分店遍布苏州了，质量不错。汤团用水磨粉，手工包，肉汤团一股汤。

春天的美食信号

一

"没有一个冬天不可逾越，没有一个春天不会来临。"这是 2022 年流传甚广的网红佳句，原因是疫情。春节假期刚过，香雪海的梅花才开出两成，狮子林的劈梅展还刚刚启幕，苏州便遭遇了疫情，所有景区关闭。医务工作者、志愿者等没日没夜，身着防护服，戴着口罩、面罩，忙着抗疫。

天佑中华，福佑苏州。疫情终将过去，待到山花烂漫时，苏州在丛中笑。今年的梅花开得有点缓，今年的樱花发动得有点早，为什么？驱赶疫情，待无恙。苏州的春花，等着一线的战士来观赏，等着关爱苏州、帮助苏州的好心人来观赏。

待无恙，齐赏春。苏州的春天不会缺席。

二

春天的风不再尖利，柔柔的、软软的、暖暖的。和煦的春风里，花开了，草绿了，"苏州青"开始"抽茎"。这时候，苏州的上空升起两颗美食信号弹：一红一绿，红的是酱汁肉，绿的是青团子。苏州人看到这两种美食面市，就知道，春天来了。

谁也挡不住春天的脚步，谁也挡不住春天美食的诱惑！

三

春天来了，当人们卸下沉重的冬衣，伸一个懒腰，与寒冬告别的时候，再斯文的苏州人也有一种冲动，一种"大碗喝酒，大块吃肉"的冲动，就在这时，通红、通红的酱汁肉来哉！

这几年，我每年吃到的第一块酱汁肉，总是来自协和菜馆，它家的酱汁肉起步早，味道正，总让我想起从前母亲在家自己做酱汁肉的情景。

自己家做酱汁肉其实并不难，还挺有趣。从菜场买回五花肉，四四方方切成块，比正常烧红烧肉切块要大一点。先焯水，洗去浮沫，然后在锅里排齐，现在选那种玻璃盖的锅更加能看到酱汁肉的演变过程，其乐无穷。从前是从南货店里买回一小包红曲米，找块纱布，将红曲米包起来，直接丢进煮沸的锅里，现在透过玻璃盖，可以看到锅里正在上演"变脸"的动态剧。只见那纱布包里的红曲米，遇水后就演变成汹涌的红汁水，一股一股渗出，让本色的猪肉块一点一点变红，先是桃红，转为曙红，再变为胭脂红。需要加点盐、料酒，加老冰糖。苏州人的酱汁肉，不仅惊艳，更是美味。

在菜馆，酱汁肉上桌前，会在盘中铺上一点金花菜。金花菜就是草头，就是苜蓿。

金花菜铺盆，酱汁肉居中，就让人觉得，红花还得绿叶扶，也让人想起"绿肥红瘦"的大美意境。

我曾总结过苏州人一年吃好四块肉：春季的酱汁肉，夏季的荷叶粉蒸肉，秋季的扣肉，冬季的酱肉。至今已广为流传，成为苏州"不时不食"的佐证。但是，普通家庭一年只不过烧一两回酱汁肉，而在菜馆，春季过了，酱汁肉还是要做的，只是过了春季，苏州的酱汁肉稍作变动，其一是规格大了，有四块酱汁肉大，其二是鲜红的皮面用利刀浅刻数十刀，形成一个个小小棱子块。这块肉就叫作樱桃肉，实质就是酱汁肉的扩大版，味道还是酱汁肉的味道。

四

春天，小草重生，最早爆绿并生长迅疾的有一种草，它叫浆麦草，其实就是野麦子。这种草打成汁，绿色浓艳，清香浓郁，它便是苏州青团子的基本色素。

苏州的青团子，最出名的是昆山正仪，有一家叫文魁斋的小店。从前每年绿色信号弹升起，我都会开着车赶去，买回很多，分送给朋友，每次都在分团环节上搞得很狼狈，青团都黏合在一起。后来就买许多盒，连盒送人。一大盒有很多个，其实是太多了。我曾多次

青团子

向文魁斋提建议，青团子要独立包装。可人家不听，反而告诉我，独立包装要人工、要材料，小店承担不起。之后，我就放弃去正仪采购青团的习惯，关注起沈周青团，他们比较尊重我的建议：一是青团体型瘦身，不宜太大；二是一定要独立包装；三是增加馅料品种，除豆沙、芝麻、紫薯、肉松外，开发了菜花头干馅；四是外包装，环保纸盒，透明的封面贴一方红纸"春"字，传递出沈周村的文化气息。每年，我都会给外地朋友快递去沈周青团，最远的带去了日本。每次我给朋友送青团的同时，捎上一句话：品尝春天的味道，江南的春天，苏州的春天。

一

农历二月二，"龙抬头"！其实是土里冬眠的蛇虫百脚们苏醒了，开始蠢蠢欲动了。百姓们把它们唤作地龙，地龙们开始活动，大家说是"龙抬头"。"龙抬头"，妇女们要吃撑腰糕，男孩子们要进剃头店……

春江水暖，大地回春。灰蒙蒙的柳枝条悄悄泛绿，香雪海的梅开始陆续绽放。最早开的是白梅，也称果梅。光福农民种梅树，是以果梅树为主。所以香雪海里从来都是白梅多，要不怎么叫作香雪海，只有白梅泛开，才是雪海啊！

梅花在绽放，蛇虫在抬头，大地之上，原以为枯死了的、灰秃秃的土表层开始泛绿，动作很快。几场春雨后，你再放眼大地，已是一片葱绿。

春天五头

纹纹头

二

大地回春，草木复苏，农村的老太开始忙碌，白天提着个篮，带了把剪刀，在草丛间摸索。摸索个啥？挑野菜。野菜喜欢扎堆长。这是一片草头，老太用剪刀一根一根剪。这是一片马兰头，不能着根剪，只剪嫩头，也是一个头一个头地剪。你觉得不耐烦，其实也很快，一转眼，老太篮子里就满了。枸杞头不是剪的，是"勒"，选准爆满嫩芽的枸杞枝条，用手勒，一勒一大把。只个把小时，老太几只篮子都满了，满篮新绿。老太心满意足，提着菜篮上集市。

我这人心太软，看见乡下老太卖野菜，总是不遗余力，多买点，买了满满一大包，回家尝新，也能让老太早点回家。

三

江南的春天五头，我认为是马兰头、枸杞头、香椿头、纹纹头、草头。早春时节，太湖边的农家乐家家生意火爆，赏花人的午餐都选路边小店，最好能是湖景房，点两条塘鳢鱼，炒一盘螺蛳，要一锅腌笃鲜，再就是品尝几个"头"了！

紫梗马兰头。马兰头有紫梗、白梗之分。白梗多为大棚栽培的，野生的则紫梗的多。菜馆一般将马兰头斩细了，与香豆腐干末同拌，作为冷盆，当然也不错。我主张清炒，香味更足，所谓原汁原味。做凉拌菜，是先要将马兰头开水焯过，然后挤掉汤汁，这一挤，就将马兰头的香与味挤掉了一半。

枸杞头。它是春天五头中的贵族。因为少，所以贵，只能一年尝

香椿百页

一两次。枸杞头,以清煸为最佳,汤汁有点黑,没事,说明含铁质。炒枸杞头宜放点糖,因为枸杞头清凉味中带微苦。苏州人炒枸杞头,喜欢放几根笋丝,既增了色,又增了鲜。

纹纹头,又称鹅肠草,东山人叫它"鹅馄饨"。叶片如鸡心,开花成串,一定要在开花前品尝,清煸,浓浓的青草味,那就是江南味道。

酒香金花菜。江南人亦称草头,好像也只有江南有。有一次,我招待北方朋友,上了一盆金花菜,北方客问是啥,我说草头,苜蓿!对方都摇头,直到我说,扑克牌中的草花,北方人才恍然大悟。炒金花菜宜洒几滴白酒,苏州人聚餐喝白酒,喝到最后留那么一点,主人说,不喝了,回家烧金花菜吧。所以,菜馆里的金花菜,菜单上写的是酒香金花菜。

香椿头。苏州的菜馆里喜欢做香椿头炒蛋,太常见,太常吃,可以开动脑筋,换几种吃法。东山人喜欢将香椿头做冷盆,整枝的香椿头开水烫过,直接用酱麻油拌之,吃原味。常熟人将整枝香椿头热油里浸过后直接装盆,做面浇头。我每次去常熟虞山脚下,兴福广场吃蕈油面时,一般都会点一盆油浸香椿头的。昆山人将香椿头在开水中烫过后,卷进百页里,切成四段,蘸酱麻油,味道更丰富。香椿有硝酸盐,故宜用开水烫后再食。

可以一年四季吃到香椿头,方法是将香椿头开水焯过后,冷水浸凉,稍吹干后,用保鲜膜,一小包一小包卷好、包好,进冰箱速冻保鲜,效果不错,热天吃冷拌面时,用香椿头做面浇头,很不错。

感谢新木器时代餐厅张华大厨跟我说了这些。

一盏新茗碧螺春

一

老作家艾煊有个名篇：《碧螺春汛》。我很喜欢这个"汛"字，汛者，江湖潮汛；汛者，太湖的波涛，一波一波朝前涌。

洞庭东西山，就是花果之乡，月月有花，季季有果，梅花、桃花、枇杷、杨梅……也是一波接一波。

踏青时节，东西山的花果采摘第一汛来了，那就是碧螺春茶。

二

碧螺春茶原名叫"吓煞人香"，传说清康熙皇帝喝了它，连连说好，只是觉得这茶名字不太雅，于是，康熙给这茶重新起名，就叫"碧螺春"。我并不是帝王的盲目崇拜者，但这茶名提得实在是妙极！碧、螺、春，茶之色、茶之形、茶之时，一应俱全。如此唯美，堪称绝了！

碧螺春真有吓煞人香的魅力？真有！问原因？环境啊！洞庭东西山的碧螺春树都生长在果树下，枇杷、杨梅、橘子树下，茶树、果树根连着根；果树开花，落红洒在茶树上，就等于是熏香啊！这茶叶能不香吗？老茶客喝碧螺春茶，是品！呷一口茶汤，含在嘴里，慢慢咽，这时就能体会到碧螺春茶有淡淡的果香味。

碧螺春

三

谁知杯中茶，粒粒皆辛苦。一棵茶芽，蓄着夏、秋、冬三季能量。五百克碧螺春干茶，有六七万棵茶芽。茶芽长在茶树枝上，得一棵一棵摘下，一个熟练的采茶女，一天也最多能摘两千克青头。茶芽还得一棵一棵剔挑，就是只取一芽一叶，多余的全部剔掉。精选好的茶芽变身干茶，大概两千克青头可以炒成五百克碧螺春茶。古法炒茶要用果树枝，要用干松针，灶墙有个圆洞，是炒茶师傅与烧火好婆沟通的窗口，"旺火！文火！熄火！"炒茶师傅用双手在滚烫的铁锅里与茶芽共舞，先高温杀青，接着是揉捻成型，然后就是搓团显毫，最后是文火干燥，炒一锅茶需要四十分钟。

一级碧螺春，形则条索紧结、纤细，呈螺形；色则布满白茸，显现银绿。

四

泡碧螺春茶，是个技术活，也是艺术活。

打开瓷罐，竹勺满满一勺，先闻一下茶之香，沁人心脾。接着用一个透亮的玻璃水杯，续上九十摄氏度的停滚水，将茶叶轻轻滑入，快看，水杯里出现了第一幅画：白云翻滚，也可以叫作雪花飞舞。将第一杯茶水倒掉，这叫洗茶。续上第二杯水，杯中但见第二幅画：翠芽绽放。稍等，三分钟后，再看水杯，便是第三幅画：春染湖底。此时，杯中的茶汤微微发绿，杯底的螺芽朵朵绽开，微微的香气随风散开。

碧螺红

一盏碧螺春，让人喝到太湖的味道、江南的味道、春天的味道。

五

并不是每个苏州人都懂碧螺春。一次去拜访一位老朋友，他从冰箱里取出碧螺春，用开水为我冲泡一杯，五分钟后，杯中黄芽尽绽，秋染湖底。我有点愤怒，这是糟蹋了名茶啊！首先，碧螺春茶应在冰箱之冷冻室储存。其次，隔夜取出，让碧螺春之茶分子苏醒。再次，就是如何泡碧螺春了。老朋友不懂碧螺春，自然也不会泡碧螺春茶了。还得从头学起，首先就是尊重、爱惜碧螺春。

也不是每个人都能喝碧螺春，有的朋友喝绿茶会胃痛，怎么办？东西山的茶农们在努力，他们打破常规，用春日的嫩茶芽做出了红茶，保持了春茶的香气与形制，他们说是碧螺红，我以为不妥，碧是绿，不能与红并存吧，因此，我把这款茶叫作螺红，那如何体现它是春日的茶芽，所以，我慎重提议，这款红茶可以叫作螺红春，且不知各位朋友意下如何？

太湖十八浇

一

　　光福有个渔港村，规模不小，全村将近一千四百户，近五千人，有"太湖第一渔村""内陆第一渔港"之称。从前的渔民，一户一船，船就是家，直到现在，太湖一号桥边的港湾里，还停满了破旧的、退役了的船只。船不能用了，但渔民们喜欢把船桅坚挺地竖着，逢年过节，渔民们还喜欢在桅杆上升起一面面五星红旗，湖风猎猎，迎风飘扬，真是一道独特风景，可以说苏州找不到第二处了。

　　太湖渔船最大者有七根桅杆，称七桅船，想象一下，出行时，七根桅杆鼓起七道风帆，在太湖风浪中疾飞，该是何等风光，可能不输法拉利跑车在高速公路上飞驰吧！七桅渔船是大号，不多，一般渔船都只有五桅、三桅。船大多不能用了，但桅杆还挺立。村里曾按上级要求，要全面清掉这些报废船，我曾一再呼吁，留一些，再留一些吧！保住这道太湖美的独特风景。

二

太湖未禁捕时，渔港村每年都搞开捕节，场面很壮观。村里的男子都是捕鱼高手，而婆娘们则是美食高手，最有特点的是冬至五色团，是用五种色粉（红的用火龙果汁、黄的是南瓜汁、绿的是菜汁、紫色的是紫薯、白的是本色）包裹五种馅心（豆沙、芝麻、鲜肉、百果、萝卜丝）。五色汤团在大锅水中沉浮，很是靓丽；五色汤团盛在碗里，更是诱人。我建议她们把五色汤团做成常年食品，成为渔港村的土特产。渔船上的美食，不仅有五色团子，还有米花团、定胜糕、喜糕、年糕片、米实（姑姑）、饭衣等，都是一等一的美味。

三

渔港村的婆娘们不仅点心做得好，还做得一手好菜肴。二十年前，太湖边有船菜，几十道佳肴，相当于满汉全席。为保护环境，在船上吃酒席被取消了，渔民们就把林林总总的渔家菜与苏州一碗面结合起来，推出了太湖十八浇面，轰动苏州，苏州的各路美食家们相约而至，或自驾车，或者坐公交车，赶到太湖边，赶到渔港村，来品尝一碗风味独特的十八浇面。

几年前，苏州人都是傍晚时分赶去吃十八浇，因为从前那是渔

太湖虾仁

民的消夜。渔民捕鱼是很辛苦的，发现鱼汛，不问时间，有时是凌晨，有时是半夜。渔民夜捕归航，要小酒咪咪，要乐惠一番，于是，婆娘就烧几个渔家菜，下一碗面，慰劳一下劳动者。这就是十八浇面为啥晚上才有的原因。当然，面馆顺应时代，迎合消费者，便在中午就开门迎客，太湖十八浇面就此闻名江南。

四

十八浇，其实就是太湖渔民家常菜，因为是渔家，原料大多来自太湖，所以更应该称是渔家菜。

我在十八浇面馆看挂牌菜单，如下：太湖虾仁、洋葱鳝丝、青椒肚丝、糖醋小排、银鱼炒蛋、爆鱼、水面筋、香菇、红烧小肠、狮子头、炒猪肝、雪菜肉丝、雪菜毛豆、荷包蛋、素鸡、香菇青菜、老烧鱼、大排、焖肉。

十八，只是个约数、吉祥数，并非只有十八道，而且苏州人"不时不食"，十八浇也是随季而变。一般食客去吃面，也最多点三样浇头，渔家人实在，一份浇头挺多。假如让我去点吃，我会随季而变，每次点不同的浇头。初夏时节，我点青椒肚丝、香菇青菜、清炒虾仁。秋季，我点炒猪肝、雪菜银鱼、焖肉。冬季，当然就是老烧鱼。苏州人一般不食鲤鱼，但老烧鱼用的就是鲤鱼，老烧，是太湖人特有的烧法。其实就是烧透、焖透，浓油赤酱。吃到的是太湖的味道，鱼米之乡的味道。

一

宅家做菜

疫情来袭，苏州沉着应对。

学生不能进校上学，宅家上网课；职工不能到单位上班，居家办公。社区就区分成了若干类：隔离区（封控区）、管控区、防范区等。

整个社会"静下来"，"慢下来"。

忙碌、紧张的是白衣天使，现在有了新称谓：大白。忙碌、紧张的是志愿者们，他们穿上红马甲，冲在抗疫第一线。忙碌、紧张的更有广大领导干部、外卖小哥。

社会上出现了很多新名词：密接、次密接、方舱医院……

每一位好市民，非常时候应该不信谣、不传谣、少出门、不串门、不扎堆，听从指挥、主动配合。要相信党、相信人民政府。疫情终将过去！待到山花烂漫时，大家一起笑。

社会需要正能量。

二

宅家，正可以培育亲情、塑好家风。从前就是饭来张口者，现在可以走进厨房，提升厨艺，为家人张罗一日三餐。

苏州人要学做一些家常菜。这些菜肴，不仅非常时期可以露一手，就是平常过日子，也是应该会、可以做好的基本菜肴。"人生何必住苏州"，或许就是因了苏州物产丰富，时鲜如汛，"不时不食"。苏州人就是嘴巴刁，懂吃、会吃，吃出文化。因此，宅家的日子里，苏州人该开动脑筋，提升持家能力，把每一天都过得温馨可人。

三

学熬几种油。春夏之交，毛笋涌市，可以买几个大笋，黄壳、红痣、扁体，要买大笋，四千克以上。回家处理，滚刀块。开大油锅，放菜油。将笋块浸没，大火、文火交替。加盐，偏咸。笋在滚油中煎熬两个小时以上。标准：笋块微微发黄、微微起皱，吃口就是"瘪扭扭"。冷却后，便可装入广口瓶，置冰箱备用。

还可以熬制葱油、香椿油、香菜油等。

冰冻几种菜。从前没有家用冰箱，蔬菜都是时令如汛。如今有大棚育菜，有家用冰箱，完全可以冷冻几样，常年备用。比如荠菜，

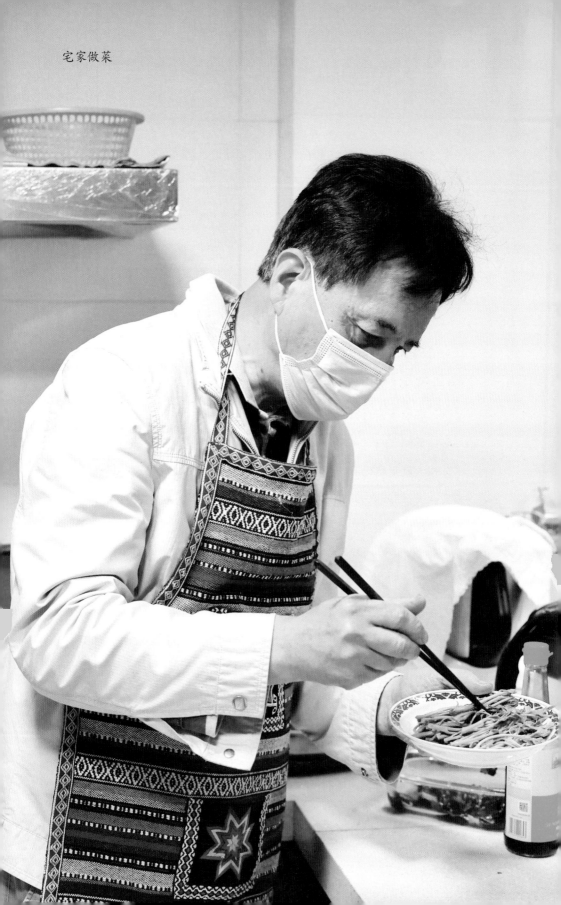

宅家做菜

趁菜场荠菜涌市时，多买些，回家整理洗净，开水焯一下，凉水冲过，风口吹会，就可分成小份，用保鲜膜卷紧，即可存入冷冻室。需要时，冰箱取出，自来水冲化，就有了鲜活碧绿的鲜荠菜了，裹馄饨、炒虾仁、熘肉片，随意。

香椿头也可此法。鸡头米的储存，早已普及。现在苏州人，一年四季可以吃上溏心鸡头米了。

存几种山珍。比如香菇、木耳、金针菜。每种抓一把，温水泡开，油煸，合一起炒，最好加入扁尖、笋块（取自笋油中），多用文火。浓油赤酱，起锅时淋上麻油，便是很苏派的一道炒素。

种几盆"绿肥红瘦"。选几个漂亮的小花盆，放培养土，置厨房操作台一边，一斩齐排列。一盆种葱，将葱根插入土中即可。一盆养蒜，大蒜头分瓣，一爿爿插入土中，一月后就冒新叶。一盆朝天椒，一盆小番茄。都很容易长，很容易挂果，要的是那点点艳红，也有食用价值。烧鱼时，掐几个小辣椒，去腥增色。烧蛋汤时，摘几个小番茄，切片滑入。都挺好！苏式生活需要情调。

学发豆芽菜。自发绿豆芽，很方便，很有趣。抓一把干绿豆，浸泡水中六小时，用一个烧水壶，将已经破壳的绿豆放入，上面铺块小毛巾。水壶加盖，壶嘴打开，置阴暗处，每日换水一到两次。五天后，就可以品尝新鲜可口的豆芽菜了。